Liva Falisoa Rafanotsimiva

Etude de commandes non linéaires pour réseaux électriques

Liva Falisoa Rafanotsimiva

Etude de commandes non linéaires pour réseaux électriques

Application à un système SMIB

Presses Académiques Francophones

Impressum / Mentions légales

Bibliografische Information der Deutschen Nationalbibliothek: Die Deutsche Nationalbibliothek verzeichnet diese Publikation in der Deutschen Nationalbibliografie; detaillierte bibliografische Daten sind im Internet über http://dnb.d-nb.de abrufbar.

Alle in diesem Buch genannten Marken und Produktnamen unterliegen warenzeichen-, marken- oder patentrechtlichem Schutz bzw. sind Warenzeichen oder eingetragene Warenzeichen der jeweiligen Inhaber. Die Wiedergabe von Marken, Produktnamen, Gebrauchsnamen, Handelsnamen, Warenbezeichnungen u.s.w. in diesem Werk berechtigt auch ohne besondere Kennzeichnung nicht zu der Annahme, dass solche Namen im Sinne der Warenzeichen- und Markenschutzgesetzgebung als frei zu betrachten wären und daher von jedermann benutzt werden dürften.

Information bibliographique publiée par la Deutsche Nationalbibliothek: La Deutsche Nationalbibliothek inscrit cette publication à la Deutsche Nationalbibliografie; des données bibliographiques détaillées sont disponibles sur internet à l'adresse http://dnb.d-nb.de.

Toutes marques et noms de produits mentionnés dans ce livre demeurent sous la protection des marques, des marques déposées et des brevets, et sont des marques ou des marques déposées de leurs détenteurs respectifs. L'utilisation des marques, noms de produits, noms communs, noms commerciaux, descriptions de produits, etc, même sans qu'ils soient mentionnés de façon particulière dans ce livre ne signifie en aucune façon que ces noms peuvent être utilisés sans restriction à l'égard de la législation pour la protection des marques et des marques déposées et pourraient donc être utilisés par quiconque.

Coverbild / Photo de couverture: www.ingimage.com

Verlag / Editeur:
Presses Académiques Francophones
ist ein Imprint der / est une marque déposée de
OmniScriptum GmbH & Co. KG
Heinrich-Böcking-Str. 6-8, 66121 Saarbrücken, Deutschland / Allemagne
Email: info@presses-academiques.com

Herstellung: siehe letzte Seite /
Impression: voir la dernière page
ISBN: 978-3-8381-4384-2

Zugl. / Agréé par: Diégo-Suarez, Université d'Antsiranana, Diss., 2013

Copyright / Droit d'auteur © 2014 OmniScriptum GmbH & Co. KG
Alle Rechte vorbehalten. / Tous droits réservés. Saarbrücken 2014

TABLE DES MATIERES

TABLE DES MATIERES 1
INTRODUCTION GENERALE 3
Chapitre I : GENERALITES SUR LA COMMANDE NON LINEAIRE DES RESEAUX D'ENERGIE ELECTRIQUES 7
    I.1. SYSTEMES DYNAMIQUES NON LINEAIRES ET LEURS COMMANDES 7
        I.1.2. Approches de commande 10
        I.1.3. Approches pour la synthèse des lois de commande 12
        I.1.4. Exemples de commande de systèmes non linéaires en électricité ... 14
    I.2. RESEAUX D'ENERGIE ELECTRIQUES ET LEURS COMMANDES ... 14
        I.2.1. Introduction 15
        I.2.2. Grandeurs caractéristiques des réseaux électriques 18
        I.2.3. Modélisation d'une génératrice électrique 24
        I.2.4. Supervision et conduite des réseaux électriques 28
        I.2.5. Contrôle de la puissance réactive : les dispositifs FACTS 28
    I.3. LE SYSTEME SMIB 33
        I.3.1. Equations mécaniques de conservation de la quantité de mouvement de l'ensemble turbine-machine synchrone 33
        I.3.2. Equations électriques de la machine synchrone 34
    I.4. CONCLUSIONS 37
Chapitre II : MODELISATION ET COMMANDE D'UN SYSTEME SMIB PAR APPROCHE MULTIMODELE 39
    II.1. INTRODUCTION 39
    II.2. RAPPELS SUR LES MULTIMODELES ET LA COMMANDE PDC ... 40
        II.2.1. Introduction aux multimodèles 40
        II.2.2. Modélisation multimodèle 44
        Obtention du multimodèle par identification 54
        Obtention du multimodèle par linéarisation 58
        Obtention du multimodèle par transformation 59
        II.2.3. Stabilité et stabilisation 61

II.3. APPLICATION AU SYSTEME SMIB ET COMPARAISON AVEC PID ... 72

    II.3.1. Mise sous forme multimodèle du SMIB 72

    II.3.2. Synthèse de commande PDC vs PID 76

    II.3.3. Simulations et comparaisons 85

II.4. CONCLUSIONS 96

Chapitre III : COMMANDE PAR BACKSTEPPING SOUS CONTRAINTES DE SMIB ET AUTRES SYSTEMES 97

    III.1. INTRODUCTION 97

    III.2. METHODE DE SYNTHESE DE LOI DE COMMANDE PAR BACKSTEPPING 98

        III.2.1. Généralités sur la commande backstepping 98

        III.2.2. Méthode générale de synthèse récursive par Backstepping 99

        III.2.3. Cas de la commande sous contrainte de sortie 102

    III.3. APPLICATION DE L'APPROCHE BACKSTEPPING SOUS CONTRAINTE A LA COMMANDE D'UN SYSTEME SMIB 111

        III.3.1. Rappel de la problématique SMIB 111

        III.3.2. Synthèse de commande par backstepping sous contrainte 113

        III.3.3. Résultats de simulation 116

    III.4. EXTENSIONS A D'AUTRES SYSTEMES 126

        III.4.1. Conception basée sur la Passivité 126

        III.4.2. Conception basée sur l'interconnexion 127

        III.4.3. Exemples d'application 129

    III.5. CONCLUSIONS 133

CONCLUSION GENERALE ET PERSPECTIVES 134

INTRODUCTION GENERALE

L'électricité est connue universellement comme étant un vecteur de développement. Par ailleurs, sa production, son exploitation (transport, répartition, distribution et conduite) ainsi que son utilisation doivent être bien maîtrisées et gérées au mieux. Les problèmes relatifs à une mauvaise maîtrise et/ou une mauvaise gestion de l'énergie électrique peuvent varier d'un pays à un autre ou d'un continent à un autre, allant d'une simple perturbation (flicker, surcharge) à un défaut plus grave (court-circuit) pouvant entrainer une coupure totale et prolongée de la fourniture de l'énergie électrique.

On peut citer par exemple, pour l'Amérique, le phénomène de panne de courant à grande échelle dit « blackout » du jeudi 14 août 2003 pendant lequel les États et provinces du Nord-Est de l'Amérique du Nord sont tombés dans le noir à cause de l'arrêt de plusieurs centrales électriques les 12 et 13 août, ainsi que la coupure de plusieurs lignes de 345kV dans l'Ohio. Par effet de cascade en cette période de forte consommation, la panne s'étendait en quelques heures sur 256 centrales électriques. Ce phénomène est similaire à ce qui s'est passé en Europe de l'Ouest, le 4 novembre 2006. Suite à un incident survenu dans le Nord de l'Allemagne, le grand réseau électrique européen était divisé en trois zones déconnectées les unes des autres. Ces zones ont subi des déséquilibres à cause d'une production et consommation très différentes. Heureusement que le bon déroulement des procédures de sauvegarde a permis aux gestionnaires de réseau d'éviter le blackout. Pareil en Asie où une énorme panne d'électricité a touché le nord de l'Inde, coupant le courant de plusieurs centaines de millions (environs 300 millions) d'habitants dans neuf Etats, dont celui de New Delhi, le lundi 30 juillet 2012,… pour ne citer que ceux-ci. Il s'agissait dans ces cas de grands réseaux à plusieurs génératrices interconnectées.

Il est donc très important d'éviter ces types de défauts mais surtout, lorsqu'ils se produisent quand même, de pouvoir ramener le système au régime sain avec les mêmes points de fonctionnement nominaux d'avant défaut. D'où le rôle de la commande ou plus précisément de la stabilisation des réseaux électriques.

Par contre, dans le cas de nombreux pays africains, les réseaux ont une dimension plus petite et sont principalement ilotés. Par ailleurs, l'origine et la manifestation des problèmes sont différentes. Il s'agit plutôt dans la plupart des cas des difficultés à satisfaire l'ensemble des besoins en électricité des populations, connues sous le terme « délestage », comme ce qui a touché le Sénégal en 2011 jusqu'en 2012, la Côte d'Ivoire dans les années 1980 et 2010, Madagascar (dans presque toutes les grandes villes : Antananarivo, Toamasina, Mahajanga, Fianarantsoa, Toliara,… et tout récemment Antsiranana, Farafangana) les années 2008 jusqu'à maintenant. Ce phénomène favorise les vols de câbles (cas très fréquents à Madagascar où ce phénomène est à l'origine de 15% des coupures de courants, 60% même en Guinée), l'insécurité, …

Mais qu'il s'agisse d'un réseau iloté ou d'un réseau interconnecté, une commande décentralisée est toujours faisable car ce terme même sous-entend que les grandeurs de commande sont disponibles localement.

Le thème abordé dans cet ouvrage concerne la commande non linéaire des réseaux électriques, plus précisément l'« Etude de commandes non linéaires pour réseaux électriques – Application à un système SMIB ». Il s'agit dans le cadre de cet ensemble de travaux de procéder à la stabilisation d'un réseau électrique par des approches de commande non linéaires.

Des travaux ont déjà été abordés dans ce sens pour ne citer que la thèse de doctorat de ROOSTA Ali-Rèza en 2003 [ROO03] sur la « Contribution à la commande décentralisée non linéaire des réseaux électriques » dans laquelle il a abordé parmi tant d'autres la méthode backstepping. Ce qui est nouveau dans le cadre de ce travail, c'est la prise en compte de contraintes inégalités sur la sortie et la mise en œuvre de l'approche multimodèle obtenue par transformation par secteurs non linéaires.

En effet, nous savons tous que le fait de linéariser un système non linéaire, comme celui qui traduit la dynamique d'un réseau d'énergie électrique, autour d'un point de fonctionnement nous permet tout simplement de représenter le système initial dans une plage de fonctionnement bien définie. Ceci nous donne des restrictions si on veut généraliser le résultat sur une plage plus large et par ailleurs une telle approche n'est plus assez fiable lorsque le système demande beaucoup plus de précisions, alors que les résultats obtenus par des approches de commande non linéaires sont nombreux et exploitables.

L'objectif est donc dans un premier temps de s'approprier des résultats obtenus par des approches linéaires comme les systèmes linéaires à saut, les systèmes linéaires à commutation, l'approche multimodèle ainsi que la synthèse des lois de commande proposées, c'est-à-dire la généralisation de la commande optimale linéaire-quadratique, de la commande robuste pour les systèmes linéaires à saut aléatoire, et des approches de type LMI dans le contexte des systèmes multimodèles.

Dans un deuxième temps, il s'agit de mettre en œuvre l'approche non linéaire dite de backstepping en contraignant l'angle de puissance du générateur à ne pas sortir des valeurs limites que nous préciserons et qui assureront la stabilité du système.

Premièrement, il a été abordé une recherche bibliographique à Madagascar puis en France (question documentation, encadrement rapproché et accès au logiciel sous licence du laboratoire) pour développer un modèle standard de systèmes interconnectés relatif au contrôle de tension dans un réseau électrique présentant une séquence de déclenchements consécutifs à une surcharge du réseau cas.

Deuxièmement, les différentes approches de commandes linéaire et non linéaire, en se basant sur les résultats obtenus par la commande optimale linéaire-quadratique et la commande robuste pour les systèmes linéaires à saut aléatoire ont été passées en revue. Ensuite, un modèle standard de systèmes interconnectés correspondant à l'étude de cas du contrôle de tension dans un réseau électrique et une méthodologie de commande sur la base des modèles développés ont été élaborés. On a utilisé un modèle plus simple représenté par une génératrice connectée à un bus infini correspondant à un réseau puissant dont la tension et la fréquence sont constantes, connu sous la terminologie anglaise Single Machine Infinite Bus (SMIB).

Troisièmement, il a été question de simulation et validation des études de cas ainsi que la finalisation du travail. C'est au cours de cette année que des articles scientifiques étaient publiés.

Cet ouvrage est structuré de la façon suivante :

Dans le premier chapitre, nous allons parler d'une part des généralités sur les systèmes dynamiques non linéaires et leurs commandes : la définition, les phénomènes physiques non linéaires, la modélisation, les propriétés de commandabilité et de stabilisabilité, les approches de commande et de synthèse des lois de commande. D'autre part, nous donnons un aperçu sur les réseaux d'énergie électrique : les éléments constitutifs et la structuration, les grandeurs caractéristiques, la stabilité et ses facteurs d'influences, la modélisation, la supervision et conduite, ainsi que le contrôle de la puissance réactive par les dispositifs FACTS. Le cas particulier d'un système SMIB y est aussi abordé.

C'est dans le deuxième chapitre que nous abordons les généralités sur les multimodèles et leur application au cas du système SMIB : leur origine, leur obtention, leurs structures, leurs intérêts, leur élaboration, leur stabilité, leur loi de commande et leur synthèse des régulateurs, ainsi que la modélisation multimodèle et commande PDC d'un système SMIB. Des résultats de simulations sont présentés en comparant des lois de commande PID et PDC.

Dans le troisième chapitre, la méthode générale de synthèse récursive de la loi de commande par backstepping avec son application, avec résultats de simulations à l'appui, pour la commande non linéaire d'un système SMIB sont abordés. Puis une extension concernant la conception basée sur la passivité et celle basée sur l'interconnexion en prenant comme exemple d'application la commande de robot sous contrainte et celle basée sur la linéarisation.

Une conclusion générale avec quelques perspectives terminent l'ouvrage.

Chapitre I : GENERALITES SUR LA COMMANDE NON LINEAIRE DES RESEAUX D'ENERGIE ELECTRIQUES

I.1. SYSTEMES DYNAMIQUES NON LINEAIRES ET LEURS COMMANDES

Il s'agit de présenter dans ce paragraphe une généralité sur les systèmes dynamiques non linéaires, leurs modélisations en vue de leurs commandes ainsi que les différentes approches de commande les plus rencontrées.

I.1.1. Systèmes dynamiques non linéaires

I.1.1.1. Définition

Un système est un ensemble de pièces, d'objets ou d'entités qui réalisent une opération spécifique. Il y a donc une notion d'action sur l'environnement en fonction d'excitations extérieures. Il est ainsi défini par ses entrées et ses sorties qui le relient à l'environnement extérieur.

On appelle systèmes dynamiques non linéaires les systèmes dynamiques dont le comportement n'est pas linéaire, c'est-à-dire soit la sortie n'est pas proportionnelle à l'entrée, soit plus généralement ne satisfaisant pas au principe de superposition.

La linéarité ou la non linéarité d'un système peut donc être mise en évidence soit par modélisation mathématique, soit par des expériences montrant que le principe de superposition n'est pas respecté.

On distingue les non linéarités :
- faibles, remplaçables par des caractéristiques linéaires au voisinage d'un point,
- essentielles,
- avec saturation (discontinues) et,
- à hystérésis.

I.1.1.2. Représentation générale d'état

La forme la plus générale de représentation pour un système dynamique est la représentation d'état composée de deux équations :

$$\begin{cases} \dot{x}(t) = f(t, x(t), u(t)) \\ y(t) = h(t, x(t), u(t)) \end{cases} \quad (1.1)$$

La première équation représente l'équation d'évolution et la seconde l'équation d'observation (mesures). La représentation d'état linéaire est un cas particulier de cette forme si les fonctions f et h sont linéaires (on représente alors les fonctions sous forme matricielle $\dot{x} = Ax + Bu$, $y = Cx + Du$).

x est toujours appelé le *vecteur des variables d'état* (les signaux portant toute l'information dynamique). Il évolue généralement dans un sous espace J de R^n. t désigne le temps, y le *vecteur des variables de sortie* (les grandeurs agissant sur le processus) et u le *vecteur des variables d'entrée* (la grandeur sur laquelle on peut agir, la commande, mais aussi les grandeurs sur lesquelles on n'a pas d'action, les perturbations, qui peuvent être mesurées ou non).

I.1.1.3. Modélisation des systèmes dynamiques

L'automatique est avant tout l'art de modéliser, d'analyser, puis de commander les systèmes dynamiques ; mais aussi celui de traiter l'information et de prendre des décisions. Ses domaines d'application sont aussi nombreux que variés : mécanique, électromécanique, électronique, thermodynamique, agro-alimentaire, biotechnologies, transports, aéronautique, spatial, industries de transformation, économie, ... L'automatique comprend aussi d'autres sous-domaines comme l'identification, le diagnostic, la stabilisation, l'estimation d'état,... La stabilité a comme finalité l'analyse tandis que pour la stabilisation, c'est la synthèse.

La modélisation d'un système dynamique est l'exercice qui vise, au départ d'une description discursive et qualitative du système, à en établir une description

mathématique quantitative sous la forme d'un modèle d'état. Il peut alors permettre de :
- rendre la dérivée d'une fonction de Lyapunov à déterminer définie négative le long des solutions,
- choisir une fonction de Lyapunov (CLF ou fonction de Lyapunov de commande ou fonction de Lyapunov assignable) pour spécifier le système par le choix de la commande.

Voici quelques exemples de systèmes non linéaires [HAL03] :
- Dynamique d'une fusée,
- Circuit redresseur avec filtre LC,
- Relais électromagnétique,
- Machine élémentaire à deux enroulements.

Il existe encore de nombreux modèles de systèmes physiques non linéaires comme celui d'un sous-marin, d'un avion, d'un turbo-générateur, d'un véhicule télécommandé, d'une pendule libre ou forcé, d'un générateur synchrone couplé à un système énergétique de puissance infinie, d'un circuit avec jonction Josephson, d'un synchroniseur de phase PLL, d'un circuit à diode tunnel, d'un ensemble mécanique avec masse, ressort et friction, d'un oscillateur à résistance négative, d'un modèle de neurone, réseaux neuronaux, …

I.1.1.4. Phénomènes physiques non linéaires

Les phénomènes physiques non linéaires sont très variés. A titre d'exemples, nous allons nous limiter à citer les suivants :
- Echappement en temps fini,
- Plusieurs équilibres isolés,
- Oscillations entretenues,
- Oscillations sous harmoniques, harmoniques ou presque-harmoniques,
- Comportement chaotique.

I.1.1.5. Propriétés de commandabilité et de stabilisabilité

Un système est dit commandable si quel que soit $x(t_i)$ l'état à l'instant initial, et quel que soit $x(t_f)$ l'état à l'instant final, il existe une commande $u(t)$, appliquée sur un intervalle de temps fini $[t_i; t_f]$, qui permet de rejoindre l'état final partant de l'état initial, c'est-à-dire telle que $x(t_f) = 0$. La commandabilité est une propriété structurelle forte du système.

Il est souvent suffisant d'utiliser la propriété de stabilisabilité.

Dans le cas d'un système linéaire, la commandabilité est caractérisée par une condition de rang à partir de A, B. Si elle n'est pas vérifiée, elle permet de définir les pôles commandables et non commandables. La stabilisabilité est alors définie par les pôles commandables donc stables.

De façon générale, un système linéaire est stabilisable s'il existe une commande par retour d'état $u(t) = Kx(t)$ tel que la matrice carrée $(A - BK)$ soit de Hurwitz, c'est-à-dire ayant toutes ses valeurs propres à partie réelle strictement négative.

I.1.2. Approches de commande

Pour commander un système, on s'appuie en général sur un modèle obtenu à partir de connaissances a priori comme les lois physiques ou à partir d'observations expérimentales. Dans beaucoup d'applications, on se contente d'une application linéaire autour d'un point de fonctionnement ou d'une trajectoire. Il est tout de même très important d'étudier les systèmes (ou les modèles) non linéaires et leur commande pour les raisons suivantes :

- Tout d'abord, certains systèmes ont, autour de points de fonctionnement intéressants, une approximation linéaire qui n'est pas commandable de sorte que la linéarisation est inopérante, même localement,
- En second lieu, et même si le linéarisé est commandable, on peut désirer élargir le domaine de fonctionnement au-delà du domaine de validité de l'approximation linéaire.

On peut retrouver plusieurs approches de commande selon les caractéristiques les plus importantes du système à commander, la connaissance du procédé et les objectifs de commande définis par l'utilisateur. Sans vouloir être exhaustifs, nous essayons de faire un tour d'horizon concernant les techniques les plus souvent rencontrées dans la littérature [LAM…].

I.1.2.1. Commande adaptative

Elle consiste à réajuster certains paramètres intervenant dans le calcul de la commande en fonction de la dynamique du processus pour maintenir les performances du système lorsque les paramètres du modèle varient.

I.1.2.2. Commande robuste

Elle est orientée vers la conception de correcteurs à paramètres fixes capables d'assurer ses propriétés en présence de perturbations et d'incertitudes paramétriques du modèle valable dans un domaine de fonctionnement.

I.1.2.3. Commande optimale

Elle s'intéresse à trouver à partir d'un modèle et parmi les commandes admissibles, celle qui permet à la fois de vérifier des conditions initiales et finales données, de satisfaire diverses contraintes imposées et d'optimiser un critère mathématique choisi.

I.1.2.4. Commande prédictive

Elle se base sur l'utilisation d'un modèle dynamique du système pour anticiper son comportement futur, comme la commande prédictive à base de modèle ou de l'anglais Model Predictive Control (MPC) à laquelle on va apporter une attention particulière car il est bien connu que le MPC est une technique basée sur la construction d'une séquence optimale de commandes pour un horizon glissant. En raison de la formulation dans le domaine temporel, elle s'avère être un outil puissant pour la manipulation explicite des contraintes et des incertitudes dans l'étape de synthèse, avec un incontestable succès parmi les praticiens. On distingue le MPC non linéaire [FIN02] et MPC sous contraintes [MAY00].

I.1.2.5. Commande neuronale
Elle s'avère intéressante pour la commande des systèmes en s'appuyant sur des modèles non linéaires d'entrée-sortie obtenus à partir des données.

I.1.2.6. Commande floue
C'est une technique appropriée tant pour formaliser la connaissance heuristique exprimée par des règles, que pour intégrer cette connaissance sur le comportement des procédés avec l'information obtenue à partir des données numériques. Dans le cadre de notre travail, on va s'intéresser à cette dernière.

I.1.3. Approches pour la synthèse des lois de commande
On distingue différentes approches pour la synthèse des lois de commande des systèmes automatisés : les approches linéaires et les approches non linéaires.

I.1.3.1. Approches linéaires
Dans le cadre des approches linéaires, on peut rencontrer :
- La commande classique par PID,
- la théorie des petits signaux en représentation d'état,
- la synthèse de correcteurs par LMIs qui s'intéresse à la robustesse, la performance, le compromis robustesse/performance, le placement des valeurs propres du système en boucle fermée,
- etc.

I.1.3.2. Approches non linéaires

Pour les approches non linéaires, il s'agit :
- des techniques de linéarisation : linéarisation par retour d'état (entrée-état, entrée-sortie) ou par retour de sortie [SPO89], [ISI95]. Les commandes par retour d'état statique et dynamique sont utilisées lorsque toutes les variables d'état peuvent être mesurées (ou à la limite obtenues par mesure ou par changement de variable). On utilise la commande par retour de sortie lorsque le correcteur possède des états internes ou statiques ou bien si un vecteur de sortie est uniquement disponible.
- de la technique par fonction de Lyapunov [KHA96], qui consiste à rechercher conjointement une fonction de Lyapunov (qui est une fonction énergie) candidate et une loi de commande permettant de garantir la stabilité asymptotique en boucle fermée. Elle possède une propriété de robustesse plus importante que la technique de linéarisation. On distingue plus particulièrement la synthèse récursive de fonction de Lyapunov par *backstepping* [KRS95]. Elle fera l'objet de notre étude. Les fonctions de Lyapunov sont un outil bien connu pour l'étude de la stabilité des systèmes dynamiques non contrôlés. Pour un système contrôlé, on appelle fonction de Lyapunov contrôlé une fonction qui est de Lyapunov pour le système bouclé par une certaine commande,
- de la technique prédictive [CLA87],
- de la technique par approche géométrique [ISI89],
- de la technique par commande à structure variable ou par modes glissants,
- etc.

La stabilisation par retour d'état ou de sortie c'est-à-dire en information partielle consiste à concevoir une commande qui soit une fonction régulière (au moins continue) de l'état, et telle qu'un point de fonctionnement (ou une trajectoire) soit asymptotiquement stable pour le système bouclé. On peut voir cela comme une version affaiblie de la commande optimale : le calcul d'une commande qui optimise exactement un certain critère (par exemple rallier un point en temps minimal) conduit en général à une dépendance très irrégulière en l'état ; la stabilisation est un objectif qualitatif (rallier un point asymptotiquement) moins contraignant que la minimisation d'un critère, et qui laisse évidemment beaucoup plus de latitude et permet d'imposer par exemple beaucoup de régularités. Les problèmes de stabilisation sont souvent résolus, du moins au voisinage de points de fonctionnement réguliers, par des méthodes d'automatique linéaire aujourd'hui bien maîtrisées, les méthodes étudiées ici concernent le comportement au voisinage de points où les méthodes linéaires sont inefficaces (approximation linéaire non commandable) ou vise à maîtriser le comportement sur une région plus étendue de l'espace d'état. Une question très importante est la robustesse de cette stabilité. En effet, les lois de commande dépendent énormément de la structure du modèle, et la conservation de la stabilité asymptotique pour des structures ou des valeurs des paramètres voisines n'est pas acquise.

I.1.4. Exemples de commande de systèmes non linéaires en électricité

- Commande non linéaire (commande en tension et/ou commande en courant) d'une Machine à Réluctance Variable,
- Commande non linéaire (commande en couple et/ou commande en vitesse) d'une machine asynchrone,
- Etc.

I.2. RESEAUX D'ENERGIE ELECTRIQUES ET LEURS COMMANDES

Ce paragraphe concerne le système de Production, de Transport, de Distribution et d'Utilisation (PTDU) de l'énergie électrique et leur commande.

I.2.1. Introduction

De façon générale, un réseau est un ensemble de structures (physiques, biologiques, chimiques) formé par interconnexion en vue d'une tache prédéfinie (par exemple le traitement ou le transport de l'énergie, de la substance ou de l'information). Les interconnexions, elles, apparaissent comme association, par connexion matérielle ou informationnelle, des systèmes distincts pour assurer une mise en commun des ressources visant un fonctionnement meilleur ainsi que la continuité du service en cas de défaut.

Un réseau d'énergie électrique est un système d'éléments interconnectés (Fig. 1) qui est conçu :

- pour convertir d'une façon continue de l'énergie qui n'est pas sous forme électrique en énergie électrique (centrales électriques, Fig. 2),
- pour transporter l'énergie électrique sur de longues distances (lignes électriques, Fig. 3),
- pour transformer l'énergie électrique sous des formes spécifiques soumises à des contraintes bien déterminées (transformateurs de puissance, Fig. 4).

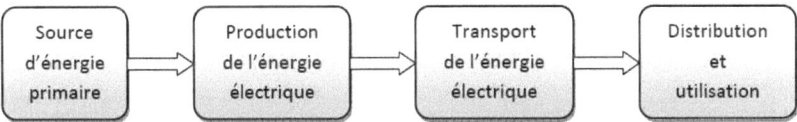

Fig. 1: Structuration d'un réseau électrique

Il est constitué d'un ensemble d'éléments appelés dipôles (impédances, sources,...) et est défini comme la mise en connexion d'un ensemble fini de dipôles. Il a une structure de graphe dont les branches sont aussi formées par les dipôles.

Fig. 2: Centrales électriques (respectivement nucléaires et thermiques)

Fig. 3: Lignes électriques sur pylônes métalliques

Fig. 4: Transformateurs de puissance

Dans sa définition technique, le réseau électrique (Fig. 5) correspond à un ensemble formé par des centres de production qui sont les centrales électriques contenant les génératrices, les lignes électriques triphasées aériennes et souterraines exploitées à différent niveau de tension, les transformateurs pour pouvoir élever ou abaisser le niveau d'une tension à une autre et les utilisateurs qui sont les consommateurs de l'énergie électrique, connectés entre elles par ce qu'on appelle « jeu de barres », point où partent les accès au réseau.

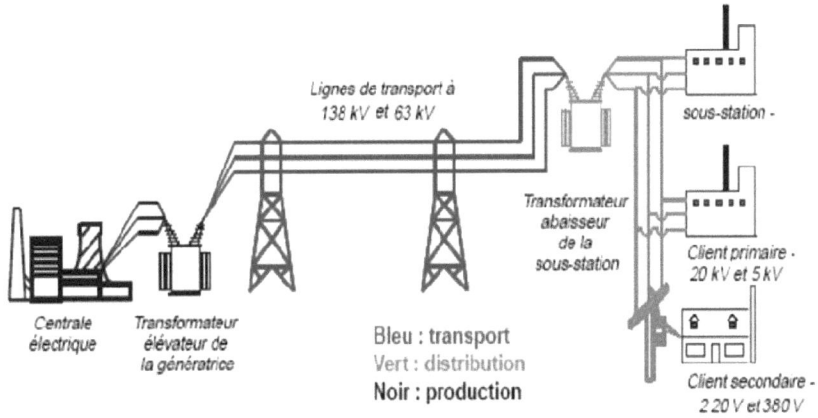

Fig. 5: Système PTDU ou réseau électrique

Pour un consommateur, le réseau devrait idéalement être vu, de l'endroit où il prend son énergie électrique, comme une source de tension alternative parfaite : c'est-à-dire une source dont l'amplitude et la fréquence sont constantes quelle que soit la charge qu'il alimente.

Pour satisfaire leur clientèle, les compagnies d'électricité doivent donc s'efforcer de maintenir l'amplitude et la fréquence de la tension le plus près possible de leur valeur nominale sur l'ensemble du réseau d'énergie électrique.

Par ailleurs, il est important de maintenir le niveau de tension près de la valeur nominale aux différents nœuds du réseau. Dans les réseaux triphasés, on parle souvent de barres plutôt que de nœuds. Une barre est l'équivalent d'un nœud sur les trois phases du système. Des niveaux de tension largement inférieurs à la tension nominale pourraient provoquer une dégradation considérable de la performance des charges et provoque aussi des surintensités de courant dans les moteurs d'induction utilisés dans de nombreuses usines ; alors que des surtensions occasionnent des bris d'équipements et des surintensités de courant dans les dispositifs constitués de matériaux ferromagnétiques saturables, en particulier les transformateurs de puissance, et pourraient engendrer aussi une dégradation de la performance des charges.

I.2.2. Grandeurs caractéristiques des réseaux électriques

Dans l'exploitation des réseaux électriques, la tension U et la fréquence f (et donc la vitesse relative de rotation électrique ω) doivent rester dans des marges admissibles respectivement de 5% en Basse Tension (BT), 10% en Moyenne Tension (MT) et 1% en Haute Tension (HT).

La pulsation est définie par la relation :

$$\omega = 2\pi f \qquad (1.2)$$

Pour une fréquence de référence de $50Hz$, ω vaut environ $314{,}159\, rad/s$.

Prenant le cas d'une ligne MT dont la marge de variation autorisée est de 1%. Dans ce cas, les valeurs de la fréquence admissibles doivent être $49{,}5 \leq f \leq 50{,}5 [Hz]$.

Aussi, pour une variation Δf de la fréquence, la variation de pulsation correspondante vaudrait :

$$\Delta\omega = 2\pi\Delta f \qquad (1.3)$$

Pour un Δf de $1Hz$, $\Delta\omega$ vaut $6{,}28\, rad/s$.

I.2.2.1. Stabilité des réseaux électriques

a) Stabilité de manière générale d'un système

Un système est stable s'il a tendance à fonctionner dans son mode normal (celui pour lequel il a été conçu) en régime permanent et s'il a tendance à revenir à son mode de fonctionnement à la suite d'une perturbation. Une perturbation sur un réseau peut être une manœuvre prévue, comme l'enclenchement d'une inductance shunt, ou non prévue comme un court-circuit causé par la foudre entre une phase et la terre par exemple. Lors de la perturbation, l'amplitude de la tension aux différentes barres du réseau peut varier ainsi que la fréquence. La variation de la fréquence est due aux variations de la vitesse des rotors des alternateurs.

b) Stabilité liée aux réseaux électriques
Un réseau d'énergie électrique est stable s'il est capable, en régime permanent à la suite d'une perturbation, de fournir la puissance qu'exigent les consommateurs tout en maintenant constantes et près des valeurs nominales la fréquence, donc la vitesse de rotation des alternateurs, et l'amplitude de la tension aux différentes barres du réseau. On définit trois types de stabilité :
- la limite de stabilité en régime permanent,
- la stabilité dynamique,
- et la stabilité transitoire.

La stabilité des réseaux électriques peut donc être définie comme étant l'aptitude à maintenir les grandeurs de fréquence et de tension sur l'ensemble du réseau électrique. Sortir de cet état peut provoquer une instabilité généralisée du réseau avec dégâts matériels (côté production, transport, distribution et clients) et/ou mise hors tension d'une partie ou de l'ensemble du réseau. Comme dans tout problème physique de stabilité, des actions de contrôle automatique ou manuel dit d'asservissement peuvent être mises en place suite à l'écart par rapport à la valeur de référence de la fréquence et de la tension.

- *Stabilité en fréquence*

La fréquence des réseaux électriques interconnectés est précisément contrôlée. La raison première du contrôle de la fréquence est de permettre la circulation d'un courant électrique alternatif fourni par plusieurs générateurs à travers le réseau. Une variation de la fréquence du système correspond à un écart entre consommation et production. Une surcharge du réseau due à une perte d'un générateur va provoquer une baisse de la fréquence du réseau. La perte d'une interconnexion avec un autre réseau dans une situation d'export va provoquer une augmentation de la fréquence.

Pour les grands réseaux électriques, des systèmes automatisés permettent via des délestages, des déclenchements de lignes ou de manœuvres, d'assurer le maintien de la fréquence dans une zone acceptable. Pour des petits réseaux électriques, il n'est pas possible d'assurer une telle précision.

Lorsqu'un problème de fréquence apparaît, trois réglages successifs interviennent : le réglage primaire, secondaire et tertiaire.

- Réglage primaire

Chaque groupe participant au réglage de fréquence agit localement. Grâce à son régulateur de vitesse, il adapte sa puissance en fonction de la vitesse (et donc de la fréquence du réseau). Cette marge de puissance disponible s'appelle la réserve primaire. Grâce à l'interconnexion des réseaux électriques, la réserve primaire totale correspond à la somme des réserves primaires de tous les groupes participant au réglage primaire de fréquence et connectés au grand réseau interconnecté. Le réglage primaire permet de revenir à un équilibre production-consommation. Cependant, la fréquence à la fin de ce réglage n'est plus la fréquence nominale. Les transits sur les lignes d'interconnexions ne sont plus les mêmes non plus.

- Réglage secondaire

Pour résoudre l'écart de fréquence, on fait appel à une énergie réglante secondaire. Ce réglage n'est pas local, il est effectué à une plus grande échelle. Le dispatching calcule à partir des données de fréquence et de transits sur les lignes d'interconnexion, la production nécessaire afin de ramener la fréquence à sa valeur nominale et de rétablir les transits sur les lignes d'interconnexion aux valeurs contractuelles. Automatiquement, les groupes participant au réglage secondaire et connectés au dispatching, vont faire évoluer leur puissance fournie afin de fournir cette énergie réglante secondaire. A la fin de ce réglage, la fréquence retrouve sa valeur nominale et les échanges entre réseaux interconnectés sont rétablis à leur valeur contractuelle.

- Réglage tertiaire

Le réglage tertiaire intervient si l'énergie réglante secondaire disponible est insuffisante. Ce réglage n'est pas automatique comme le primaire et le secondaire mais manuel. Il correspond à un ensemble de contrats avec les producteurs plus ou moins contraignants en temps de réponse et en puissance requise. C'est un appel sur le mécanisme d'ajustement. Cette réserve d'énergie tertiaire est dite rapide si mobilisable en moins de $15 min$ ou complémentaire si mobilisable en moins de $30 min$.

- ***Stabilité en tension***

Les raisons d'une stabilité en tension sont assez similaires à celles de la stabilité en fréquence. Une tension trop haute provoque la destruction du matériel. Une tension trop basse provoque un courant plus fort à puissance égale, donc des pertes joules plus importantes avec risque de surintensité et de destruction du matériel. Une sous-tension peut provoquer aussi des problèmes de fonctionnement de l'équipement raccordé au réseau.

Lorsqu'un problème de tension survient, trois réglages successifs interviennent. Au niveau du consommateur, les tensions sont généralement rétablies par les réglages automatiques des transformateurs. Mais ceux-ci n'ont pas d'effet régulant et peuvent même accroître l'instabilité du réseau.

- Réglage primaire

Seuls les alternateurs peuvent fournir de la puissance réactive afin de régler la tension. Le régulateur primaire de tension fixe automatiquement la puissance réactive fournie en fonction de la tension. Il agit sur la tension d'excitation de l'alternateur. C'est une régulation locale.

- Réglage secondaire

Le réglage secondaire de la tension est un réglage effectué à une plus grande échelle. Plusieurs « points pilotes » sont choisis afin d'être la référence de tension dans une sous-région. Ces groupes réglants ont leur tension de référence automatiquement calculée et transmise par le dispatching.

- Réglage tertiaire

C'est un réglage manuel. Il comprend l'ensemble des opérations ordonnées par le dispatching qui permettent d'assurer le maintien et/ou le rétablissement du plan de tension.

I.2.2.2. Facteurs d'influence reliés à la stabilité de la tension

L'instabilité de la tension d'un grand réseau est un problème de nature complexe. Plusieurs éléments d'un réseau contribuent à la création d'un scénario propice à une instabilité de tension. Les éléments suivants ont un impact important sur la stabilité de la tension du réseau :
- les génératrices et le comportement de leurs dispositifs de réglages et de protection,
- les dispositifs à compensation shunt réglable et fixe,
- les chargeurs de prises en charge (ULTC) et les transformateurs fixes,
- le relais de protection,
- les caractéristiques de la charge.

Parmi ces éléments qui influent sur la stabilité de la tension, on retrouve les lignes de transport d'énergie. Les lignes de transport affectent considérablement les niveaux de tension en fonction de la charge. Si la charge est importante, la tension sur le réseau a tendance à être faible, le niveau de tension peut s'élever au dessus de la tension nominale en différents endroits sur le réseau. Sur les lignes de transport non compensées, le taux de régulation de la tension a donc tendance à être mauvais.

La stabilité en régime permanent est aussi influencée par la longueur des lignes de transport : plus la ligne est longue, plus la limite de stabilité en régime permanent est faible. Ces deux effets néfastes des longues lignes de transport, sur le taux de régulation de la tension et sur la stabilité du réseau peuvent être diminués et même théoriquement éliminés en utilisant des techniques de compensation shunt et le réglage de la tension incluant des mesures comme la commutation par compensation shunt et le réglage de la tension des génératrices.

La majorité des auteurs subdivisent l'étude des lignes de transport en trois catégories :
- les lignes courtes : longueur inférieure à $80km$,
- les lignes de longueur moyenne : longueur inférieure à $240km$,
- et les lignes longues : plus de $240km$ de long.

La ligne n'absorbe aucune puissance active car, par hypothèse, elle est sans perte. En résumé, lorsqu'une ligne est terminée par une impédance égale à son impédance caractéristique, on obtient les caractéristiques suivantes :
- l'amplitude de la tension et l'amplitude du courant sont constantes partout sur la ligne,
- aucune puissance réactive n'est absorbée ou générée aux bouts de la ligne, la seule puissance active qui est transportée sur la ligne est la puissance naturelle qu'absorbe la charge.

On appelle effet Ferranti ou effet capacitif le phénomène d'élévation de la tension le long de la ligne. Plus la ligne est longue, plus cet effet est important.

Un autre phénomène important qui apparaît aussi sur les lignes sans charge ou faiblement chargée est la génération de puissance réactive par la capacité équivalente de la ligne. Cette puissance réactive est absorbée par la génératrice au début de ligne. Pour absorber cette puissance réactive, sans modifier la tension, il est nécessaire de sous-exciter la génératrice. Ce qui amène à deux problèmes : échauffement au niveau du stator de la machine et abaissement du niveau de stabilité du système. Pour ces raisons, il est encore une fois essentiel d'effectuer une compensation adéquate sur les lignes de transport lorsque ces dernières fonctionnent à vide ou à faible charge.

I.2.3. Modélisation d'une génératrice électrique

Le diagramme vectoriel correspondant à la génératrice synchrone est présenté dans la figure 6 suivante :

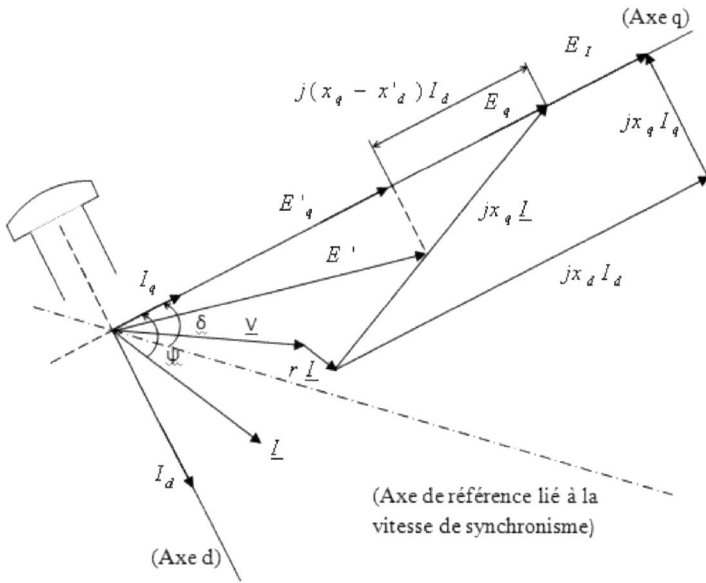

Fig. 6: Diagramme vectoriel de la machine synchrone

Sur la base du modèle électrique équivalent de la figure 6, le modèle mathématique d'une machine synchrone est le suivant :

$$\begin{cases} u_d = -R_s i_d - \dot{\varphi}_d - \omega(1+s)\varphi_q \\ u_q = -R_s i_q - \dot{\varphi}_q + \omega(1+s)\varphi_d \\ u_f = R_f i_f + \dot{\varphi}_f \\ 0 = R_D i_D + \dot{\varphi}_D \\ 0 = R_Q i_Q + \dot{\varphi}_Q \\ \delta = \omega s \\ T\dot{s} + Ds = P_{mec} - \omega(\varphi_d i_q - \varphi_q i_d) \end{cases} \quad (1.4)$$

u_i : Tension directe, en quadrature et d'excitation (avec $i = d$ ou q ou f),

R_S, R_f, R_D, R_Q : Résistances statorique, de l'enroulement d'excitation, de l'axe direct et en quadrature,

φ_i : Flux de l'axe direct, en quadrature,

ω : Pulsation,

i_i : Courant direct, en quadrature, d'excitation, de l'axe direct et en quadrature,

s : Opérateur de dérivation de Laplace,

δ : Angle de puissance,

T : Constante,

D : Facteur d'amortissement,

P_{mec} : Puissance mécanique.

Les flux sont exprimés par :

$$\begin{cases} \varphi_d = L_d i_d + M_{aq} i_f + M_{ad} i_D \\ \varphi_f = M_{ad} i_d + L_f i_f + M_{ad} i_D \\ \varphi_D = M_{ad} i_d + M_{ad} i_f + L_D i_D \\ \varphi_q = L_q i_q + M_{aq} i_Q \\ \varphi_Q = M_{aq} i_q + L_Q i_Q \end{cases} \quad (1.5)$$

L_i : Inductances propres des enroulements direct, en quadrature et d'excitation,

M_{ai} : Inductances mutuelles entre les deux enroulements direct et en quadrature,

Et :

$$\begin{cases} x_d = \omega L_d \\ x_f = \omega L_f \\ x_D = \omega L_D \\ x_q = \omega L_q \\ x_Q = \omega L_Q \\ x_{ad} = \omega M_{ad} \\ x_{aq} = \omega M_{aq} \end{cases} \quad (1.6)$$

Posons aussi :

$$\begin{cases} x_\sigma = x_d - x_{ad} = x_q - x_{aq} \\ x_f = \frac{(x_d - x_\sigma)^2}{x_d - x'_d} \\ x_D = x_d - x'_d + \frac{(x'_d - x_\sigma)^2}{x'_d - x''_d} \\ x_Q = \frac{(x_q - x_\sigma)^2}{x_q - x''_q} \end{cases} \quad (1.7)$$

Ce qui implique :

$$\begin{cases} \omega\varphi_d = x_d i_d + (x_d - x_\sigma)i_f + (x_d - x_\sigma)i_D \\ \omega\varphi_f = (x_d - x_\sigma)i_d + \frac{(x_d-x_\sigma)^2}{x_d-x'_d}i_f + (x_d - x_\sigma)i_D \\ \omega\varphi_D = (x_d - x_\sigma)i_d + (x_d - x_\sigma)i_f + \left(x_d - x'_d + \frac{(x'_d-x_\sigma)^2}{x'_d-x''_d}\right)i_D \\ \omega\varphi_q = x_q i_q + (x_q - x_\sigma)i_Q \\ \omega\varphi_Q = (x_q - x_\sigma)i_q + \frac{(x_q-x_\sigma)^2}{x_q-x''_q}i_Q \end{cases} \quad (1.8)$$

Si :

$$\begin{cases} e''_d = -\frac{x_q-x''_q}{x_q-x_\sigma}\omega\varphi_Q \\ e'_q = \frac{x_d-x'_d}{x_d-x_\sigma}\omega\varphi_f \\ v = \omega\varphi_q \sin\delta + \omega\varphi_d \cos\delta \\ w = \omega\varphi_q \cos\delta - \omega\varphi_d \sin\delta \end{cases} \quad (1.9)$$

Alors :

$$\begin{cases} \dot{\delta} = \omega s \\ T\dot{s} + Ds = P_{mec} - \left[\left(\frac{1}{x''_q} - \frac{1}{x''_d}\right)(v\cos\delta - w\sin\delta)(v\sin\delta + w\cos\delta) + \frac{e''_d}{x''_q}(v\cos\delta - w\sin\delta) + \frac{e''_q}{x''_d}(v\sin\delta + w\cos\delta)\right] \\ T'_{d0}\dot{e}'_q = e_f - \frac{x_d-x_\sigma}{x'_d-x_\sigma}e'_q + \frac{x_\sigma}{x''_d}\frac{x_d-x'_d}{x'_d-x_\sigma}e''_q + \frac{(x'_d-x_\sigma)(x_d-x'_d)}{x''_d(x'_d-x_\sigma)}(v\cos\delta - w\sin\delta) \\ T''_{d0}\dot{e}''_q = e'_q - \frac{x'_d}{x''_d}e''_q + \frac{x'_d-x''_d}{x''_d}(v\cos\delta - w\sin\delta) + T''_{d0}\frac{(x''_d-x_\sigma)}{(x'_d-x_\sigma)}\dot{e}'_q \\ T''_{q0}\dot{e}''_d = -\frac{x_q}{x''_q}e''_d - \frac{x'_q-x''_q}{x''_q}(v\sin\delta + w\cos\delta) \\ \frac{1}{\omega}\dot{v} = -R_s\left(\frac{\sin^2\delta}{x''_q} + \frac{\cos^2\delta}{x''_d}\right)v - \left[1 + R_s\left(\frac{1}{x''_q} - \frac{1}{x''_d}\right)\sin\delta\cos\delta\right]w - R_s\left(\frac{e''_d\sin\delta}{x''_q} - \frac{e''_q\cos\delta}{x''_d}\right) - (u_d\cos\delta + u_q\sin\delta) \\ \frac{1}{\omega}\dot{w} = \left[1 - R_s\left(\frac{1}{x''_q} - \frac{1}{x''_d}\right)\sin\delta\cos\delta\right]v - R_s\left(\frac{\cos^2\delta}{x''_q} + \frac{\sin^2\delta}{x''_d}\right)w - R_s\left(\frac{e''_d\cos\delta}{x''_q} - \frac{e''_q\sin\delta}{x''_d}\right) - (u_q\cos\delta + u_d\sin\delta) \end{cases}$$

$$(1.10)$$

Posons également :

$$\begin{cases} e_f = \frac{x_d-x_\sigma}{R_f}u_f \\ T'_{d0} = \frac{(x_d-x_\sigma)^2}{\omega R_f(x_d-x'_d)} = \frac{L_f}{R_f} \\ T''_{d0} = \frac{(x'_d-x_\sigma)^2}{\omega R_D(x'_d-x''_d)} \\ T''_{q0} = \frac{(x_q-x_\sigma)^2}{\omega R_Q(x_q-x''_q)} \end{cases} \quad (1.11)$$

Une large pulsation ω rend variable rapidement v, w. Autrement dit :

$$\tau^2 + R_s\left(\frac{1}{x''_q} + \frac{1}{x''_d}\right)\tau + 1 + \frac{R_s^2}{x''_d x''_q} = 0, \quad (1.12)$$

$\frac{1}{\omega} = 0$ et R_s est très petit, d'où :

$$\begin{cases} \delta = \omega s \\ T\dot{s} + Ds = P_{mec} - \left[\frac{e''_d u_q}{x''_q} - \frac{e''_q u_d}{x''_d} + \left(\frac{1}{x''_q} - \frac{1}{x''_d}\right) u_d u_q\right] \\ T'_{d0}\dot{e}'_q = e_f - \frac{x_d - x_\sigma}{x'_d - x_\sigma} e'_q + \frac{x_\sigma}{x'_d} \frac{x_d - x'_d}{x'_d - x_\sigma} e''_q + \frac{(x''_d - x_\sigma)(x_d - x'_d)}{x''_d(x'_d - x_\sigma)} u_q \\ T''_{d0}\dot{e}''_q = e'_q - \frac{x'_d}{x''_d} e''_q + \frac{x'_d - x''_d}{x''_d} u_q + T''_{d0} \frac{(x''_d - x_\sigma)}{(x'_d - x_\sigma)} \dot{e}'_q \\ T''_{q0}\dot{e}''_d = -\frac{x_q}{x''_q} e''_d + \frac{x_q - x''_q}{x''_q} u_d \end{cases} \quad (1.13)$$

Si de plus : $P_{mec} \neq 0$, $T''_{d0} \approx \frac{T'_{q0}}{10}$ et $T''_{q0} \approx \frac{T}{10}$ sont très petits, (1.13) devient :

$$\begin{cases} \delta = \omega s \\ T\dot{s} + Ds = P_{mec} - \left[-\frac{e'_q u_d}{x'_d} + \left(\frac{1}{x'_d} - \frac{1}{x_q}\right) u_d u_q\right] \\ T'_{d0}\dot{e}'_q = e_f - \frac{x_d}{x'_d} e'_q + \frac{x_d - x'_d}{x'_d} u_q \end{cases} \quad (1.14)$$

Seuls les transitoires mécaniques et sur le terrain sont donc considérés.

Si les transitoires mécaniques sont seulement considérés, comme T'_{d0} est très petit, alors le système d'équation se réduit tout simplement à :

$$\begin{cases} \delta = \omega s \\ T\dot{s} + Ds = P_{mec} - \left[-\frac{e_f u_d}{x_d} + \left(\frac{1}{x_d} - \frac{1}{x_q}\right) u_d u_q\right] \end{cases} \quad (1.15)$$

En projetant la tension U sur les deux axes d et q, nous avons :

$$\begin{cases} u_q = -U\sin\delta \\ u_d = U\cos\delta \end{cases},$$

En considérant constantes la puissance mécanique P_{mec} et la tension d'excitation e_f, nous avons :

$$P_{mec} = \frac{e_f U}{x_d} \sin\delta + \left(\frac{1}{x_q} - \frac{1}{x_d}\right) U^2 \sin\delta \cos\delta,$$

$$\left(P_{mec} + \frac{U^2}{x_q} - \frac{U^2}{x_d}\right)\varepsilon^4 - \frac{2e_f U}{x_d}\varepsilon^3 + 2P_{mec}\varepsilon^2 - \frac{2e_f U}{x_d}\varepsilon + \left(P_{mec} + \frac{U^2}{x_d} - \frac{U^2}{x_q}\right) = 0, \quad (1.16)$$

Où les variables d'états sont : e''_q, e''_d et e'_q qui sont toutes fonction de δ.

Dans un souci d'étude de la stabilité au sens de Lyapunov, la fonction de Lyapunov généralement associée à une machine synchrone est de la forme :

$$V(\delta, s, x) = \frac{1}{2}\omega s^2 + \frac{1}{2}x^* A x + \frac{1}{2}x^* c(\delta) + \frac{1}{2}c^*(\delta)x + \frac{1}{2}\aleph(\delta) \quad (1.17)$$

$A = A^T > 0.$

I.2.4. Supervision et conduite des réseaux électriques

Les systèmes de supervision et de contrôle permettent de contrôler en temps réel l'évolution des paramètres des postes et de manœuvrer à distance les appareillages. Il est également possible d'interagir sur certains paramètres. Ces systèmes sont utilisés :
- à des fins d'exploitation : il est ainsi possible de gérer un poste complètement à distance (y compris via Internet pour certains systèmes),
- à des fins de maintenance : par exemple pour surveiller l'évolution de la pression du gaz SF_6 dans les disjoncteurs,
- à des fins d'optimisation : par exemple la gestion de la consommation ou équilibrage de la charge dans les transformateurs,
- pour la sécurité des biens et des personnes, en permettant par exemple de visualiser la position des sectionneurs (qui ne doit jamais se substituer à un contrôle visuel de l'isolation en cas d'intervention sur une partie isolée).

Un système de supervision et de contrôle est constitué d'une partie matérielle (centrale de mesure, bus de terrain, …) et d'une partie logicielle (traitement et affichage des données). La partie matérielle permet de relever les paramètres et d'interagir physiquement avec l'installation, alors que le logiciel est le cerveau du système.

I.2.5. Contrôle de la puissance réactive : les dispositifs FACTS

La technologie Flexible Alternative Current for Transmission System (FACTS) est un moyen permettant de contrôler les transits de puissance afin d'exploiter le réseau de manière plus efficace et plus sure. Avec leur aptitude à modifier l'impédance apparente des lignes, ils peuvent être utilisés aussi bien pour le contrôle de la puissance active que pour celui de la puissance réactive ou de la tension.

Durant les dix dernières années, l'industrie de l'énergie électrique a été confrontée à des problèmes liés à de nouvelles contraintes qui touchent différents aspects de la production, du transport et de la distribution de l'énergie électrique. On peut citer entre autres les restrictions sur la construction de nouvelles lignes de transport, l'optimisation du transit dans les systèmes actuels, la cogénération de l'énergie, les interconnexions avec d'autres compagnies d'électricité et le respect de l'environnement.

Dans ce contexte, il est intéressant pour le gestionnaire du réseau de disposer d'un moyen permettant de contrôler les transits de puissances dans les lignes afin que le réseau de transport existant puisse être exploité de la manière la plus efficace et la plus sure possible.

Jusqu'à la fin des années 1980, les seuls moyens permettant de remplir ces fonctions étaient des dispositifs électromécaniques : les transformateurs déphaseurs à réglage en charge pour le contrôle de la puissance active, les bobines d'inductance et les condensateurs commutés par disjoncteurs pour le maintien de la tension et gestion du réactif. Toutefois, des problèmes d'usure ainsi que leur relative lenteur ne permet pas d'actionner ces dispositifs plus de quelques fois par jour. Ils sont par conséquent difficilement utilisables pour un contrôle continu des flux de puissance. Une autre technique de réglage des transits de puissances actives et réactives utilisant l'électronique de puissance a fait ses preuves. La solution de ces problèmes passe par l'amélioration du contrôle des systèmes électriques déjà en place. Il est nécessaire de doter ces systèmes d'une certaine flexibilité leur permettant de mieux s'adapter aux nouvelles exigences.

La tension possède quatre caractéristiques principales : fréquence, amplitude, forme d'onde et symétrie. La valeur moyenne de la fréquence fondamentale mesurée doit se trouver dans l'intervalle $50Hz \pm 1Hz$. Le gestionnaire du réseau doit maintenir l'amplitude de la tension dans un intervalle de l'ordre de $\pm 10\%$ autour de sa valeur nominale. Cependant, même avec une régulation parfaite, plusieurs types de perturbations peuvent dégrader la qualité de la tension :

- les creux de tensions et coupure brève,
- les variations rapides de tensions (flicker),
- et les surtensions temporaires ou transitoires.

Les creux de tension sont produits par des courts-circuits survenant dans le réseau général ou dans les installations de la clientèle. Leur durée peut aller de $10ms$ à plusieurs secondes en fonction de la localisation du court-circuit et du fonctionnement des organes de protection (les défauts sont normalement éliminés en 0,1 à $0,2s$ en HT, $0,2s$ à quelques secondes en MT et les régulateurs devront réagir à cet effet : Cf tableau 1.1 ci-dessous).

Selon l'Institute of Electrical and Electronics Engineers (IEEE), les FACTS sont des systèmes de transmission en courant alternatif comprenant des dispositifs basés sur l'électronique de puissance et d'autres dispositifs statiques utilisés pour accroître la contrôlabilité et augmenter la capacité de transfert de puissance du réseau. Avec leurs aptitudes à modifier les caractéristiques apparentes des lignes, les FACTS sont capables d'accroître la capacité du réseau dans son ensemble en contrôlant les transits de puissances. Les dispositifs FACTS ne remplacent pas la construction de nouvelles lignes. Ils sont un moyen de différer les investissements en permettant une utilisation plus efficace du réseau existant.

Les deux principales raisons qui justifient l'installation des dispositifs FACTS dans les réseaux électriques sont :
- l'augmentation des limites de stabilité dynamique,
- et la meilleure maîtrise des flux d'énergie.

Selon les critères, trois familles de dispositifs FACTS peuvent être mises en évidence :
- les dispositifs shunt connectés en parallèle dans les postes du réseau,
- les dispositifs séries insérés en série dans les lignes de transport,
- les dispositifs combinés série-parallèle qui recourent simultanément aux deux couplages.

On distingue les SVC, le STATCOM, le TCSC/GCSC, le SSSC, le TCPST, l'UPFC et l'IPFC. C'est l'UPFC [GHO03] qui est le plus bénéfique en termes de contrôle du transit de puissance, contrôle de la tension, stabilité transitoire et stabilité statique, par contre, c'est le SVC [CON05, MAN08] qui est encore le plus largement utilisé actuellement.

Compensation série de la puissance réactive

La compensation série augmente la puissance maximale transportable, en diminuant l'angle de transmission de la ligne. Ces deux effets font en sorte qu'elle est un moyen très efficace d'augmenter la limite de stabilité en régime permanent du réseau et par conséquent la stabilité dynamique et transitoire.

- La première génération est basée sur les thyristors classiques utilisés pour enclencher ou déclencher les composants afin de fournir ou absorber de la puissance réactive dans les transformateurs de réglage,
- La deuxième génération, dite avancée, est née avec l'avènement des semiconducteurs de puissance commandables à la fermeture et à l'ouverture comme les thyristors GTO, assemblés pour former les convertisseurs de tension ou de courant afin d'injecter des tensions contrôlables dans le réseau,
- Une troisième génération, utilisant des composantes hybrides, adaptée à chaque cas.

Cas du SVC (Static VAR Compensator) :

Le SVC ou compensateur statique de puissance réactive (CSPR) est un dispositif qui sert à maintenir la tension en régime permanent et en régime transitoire à l'intérieur de limites désirées. Il injecte de la puissance réactive dans la barre où il est branché de manière à satisfaire la demande de puissance réactive de la charge. On l'utilise pour contrôler et améliorer la tension et la puissance réactive dans un réseau de transport d'énergie électrique.

Le SVC a un seul port avec une connexion parallèle au système de puissance. Les thyristors sont à commutation naturelle, ils commutent à la fréquence du réseau. Il existe deux types de SVC : les SVC industriels et les SVC de transmission.

Les SVC industriels sont souvent associés à des charges déséquilibrées qui peuvent varier très rapidement telles que les laminoirs ou les fours à arcs pour lesquels les fluctuations rapides de puissance réactive limitent les capacités de production et provoquent le scintillement des lampes (flickers). Les SVC de transmission ont pour fonction de réduire la tension des réseaux moins chargés en absorbant de la puissance réactive, d'augmenter la tension des réseaux fortement chargés en fournissant de la puissance réactive et d'aider le système à retrouver sa stabilité après un défaut.

Les installations FACTS sont généralement situées à des postes déjà existants. Toutefois, les deux cas sont à considérer : lorsque le SVC est placé en un nœud et lorsqu'il est placé au milieu de la ligne.

Lorsqu'ils sont connectés aux nœuds du réseau, les SVC sont généralement placés aux endroits où se trouvent des charges importantes ou variant fortement. Ils peuvent être également positionnés à des nœuds où le générateur n'arrive pas à fournir ou absorber suffisamment de puissance réactive pour maintenir le niveau de tension désiré. Lorsqu'un SVC est présent au nœud i, seul l'élément Y_{ii} de la matrice d'admittance nodale est modifié, l'admittance du SVC lui étant additionnée.

Lorsque le compensateur statique est inséré au milieu d'une ligne, cette dernière est divisée en deux tronçons identiques. Le SVC est relié au nœud médian additionnel m.

Afin de prendre en compte ce nouveau nœud, une ligne et une colonne supplémentaires devraient être ajoutées à la matrice d'admittance nodale. Pour éviter à changer le nombre de nœuds du réseau et donc la taille de la matrice d'admittance, une transformation étoile triangle permet de réduire le système en supprimant le nœud m et en calculant les paramètres d'une ligne équivalente.

Tableau 1: Paramètres typiques du SVC

MODELE	PARAMETRE	DEFINITION	VALEUR TYPIQUE
Modèle de mesure	T_m	Temps de mesure	0,001 à 0,005s
Modèle de contrôle des thyristors	T_d T_b	Temps mort Temps de retard	0,001s 0,003 à 0,006s

| Modèle de régulateur de tension | K_i | Gain intégral | Dépend du temps de réponse du système |
| Pente ou statisme (slope) | x_{SL} | Représente la caractéristique statique en régime permanent | 0,01 à 0,05pu |

T : Temps constant effectif du régulateur compris entre 20 et 50ms.

I.3. LE SYSTEME SMIB

Un réseau SMIB est constitué d'une machine synchrone qui alimente un réseau électrique de puissance infinie (c'est-à-dire dont la puissance est largement supérieure à celle de la génératrice synchrone) au travers de lignes et d'un transformateur. La machine synchrone est modélisée par une force électromotrice constante E derrière une réactance x'_d. Le nœud infini est un point où la tension est constante et fixée en module et en phase (inertie très grande des autres machines).

I.3.1. Equations mécaniques de conservation de la quantité de mouvement de l'ensemble turbine-machine synchrone

D'une manière générale, le mouvement de rotation de l'arbre est régi par les deux équations suivantes [GUO01], [GAL03] :

$$\dot{\delta}(t) = \omega(t) \quad (1.18)$$

$$\dot{\omega}(t) = -\frac{D}{H}\omega(t) + \frac{\omega_0}{2H}\big(P_m(t) - P_e(t)\big) \quad (1.19)$$

Avec :

δ : Angle de puissance du générateur en [rad],

ω : Vitesse relative de rotation électrique du générateur en [rad/s].

A l'équilibre, on doit avoir $P_m = P_e$ compte tenu des pertes mécaniques. On en déduit la valeur de l'angle interne initial. Suite à une perturbation, **X** change instantanément mais pas **δ**. Ceci induit une rupture de l'équilibre des couples (accélération,…). Autour du point d'équilibre, il y a un domaine de stabilité limité. Ainsi, si la perturbation est trop grande, c'est-à-dire qu'elle injecte trop d'énergie dans le système, l'état après perturbation peut sortir du domaine de stabilité et entraine une perte de synchronisme irrévocable en quelques millisecondes.

Dans le cadre de ce travail, nous allons considérer la puissance mécanique P_m constante.

I.3.2. Equations électriques de la machine synchrone

Les dynamiques très rapides sont négligées car elles sont dominées par les dynamiques électromagnétiques et électromécaniques de la machine synchrone. Nous nous limitons au modèle à un axe de la machine synchrone.

I.3.2.1. Dynamique électrique du générateur

Ce comportement est défini par :

$$\dot{E'}_q(t) = \frac{1}{T'_{d0}}\left(E_f(t) - E_q(t)\right) \quad (1.20)$$

T'_{d0} : Constante de temps de l'excitation, enroulements axe **d** et **D** ouverts.

I.3.2.2. Equations électriques

$$E_q(t) = \frac{x_{ds}}{x'_{ds}} E'_q(t) - \frac{(x_d - x'_d)}{x'_{ds}} V_s \cos\delta(t) ; \quad (1.21)$$

$x_{ds} = x_d + x_s \quad$ et $\quad x'_{ds} = x'_d + x_s$

$$E_f(t) = k_c u_f(t) \quad (1.22)$$

k_c : Constante de proportionnalité.

$$P_e(t) = \frac{V_s E_q(t)}{x_{ds}} \sin\delta(t) \quad (1.23)$$

$$I_q(t) = \frac{V_s}{x_{ds}} \sin\delta(t) = \frac{P_e(t)}{x_{ad}I_f} \qquad (1.24)$$

$$Q(t) = \frac{V_s E_q(t)}{x_{ds}} \cos\delta(t) - \frac{V_s^2}{x_{ds}} \qquad (1.25)$$

$$E_q(t) = x_{ad}I_f(t) \qquad (1.26)$$

$$V_t(t) = \frac{1}{x_{ds}}\{x_s^2 E_q^2(t) + x_s^2 V_s^2 + 2x_d x_s x_{ds} P_e(t) \cot\delta(t)\}^{\frac{1}{2}} \qquad (1.27)$$

Auxquelles on ajoute les équations de la turbine :

$$\dot{P}_m(t) = -\frac{1}{T_T} P_m(t) + \frac{K_T}{T_T} X_E(t) \qquad (1.28)$$

$$\dot{X}_E(t) = -\frac{1}{T_G} X_E(t) + \frac{K_G}{T_G}\left[P_c(t) - \frac{1}{R\omega_0}\omega(t)\right] \qquad (1.29)$$

Les lignes, transformateurs et charges sont régis par les modèles standards IEEE :

- Lignes de transmission : Schéma équivalent en **π** en incluant les éléments shunts (Fig. 7).

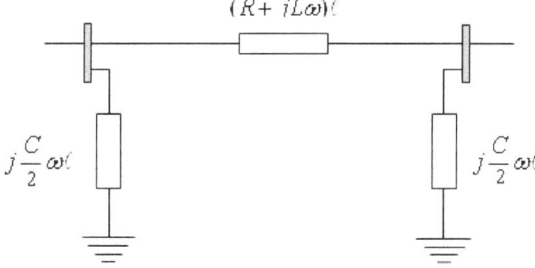

Fig. 7: Modèle en π de ligne électrique

- Transformateurs : Modèle basse fréquence **R**, **L** série (Fig. 8).

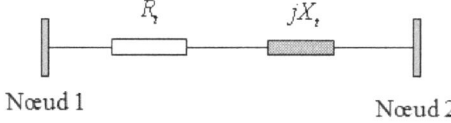

Fig. 8: Modèle général de transformateur de puissance

- **Modèle** (δ, ω, E'_q)

En introduisant l'équation (1.23) dans (1.19) ainsi que l'équation (1.21) dans (1.20), ce système est représentable par un modèle (δ, ω, E'_q) non linéaire d'ordre 3 de la forme :

$$\begin{cases} \dot{\delta}(t) = \omega(t) \\ \dot{\omega}(t) = -\frac{\omega_0}{2H}\frac{x_d - x'_d}{x_{ds} x'_{ds}} V_s^2 \cos(\delta(t))\sin(\delta(t)) - \frac{D}{H}\omega(t) - \frac{\omega_0}{2H}\frac{V_s}{x'_{ds}} E'_q(t)\sin(\delta(t)) + \frac{\omega_0}{2H} P_{m0} \\ \dot{E'}_q(t) = -\frac{1}{T_{d0}}\frac{(x_d - x'_d)}{x'_{ds}} V_s \cos(\delta(t)) - \frac{1}{T_{d0}}\frac{x_{ds}}{x'_{ds}} E'_q(t) + \frac{1}{T_{d0}} k_c u_f(t) \end{cases}$$

, (1.30)

- **Modèle** (δ, ω, E_q)

En introduisant l'équation (1.23) dans (1.19), puis en dérivant (1.21) et en remplaçant $\dot{E'}_q(t)$ dans cette fonction dérivée par son expression dans (1.20), ce système est classiquement représentable par un modèle (δ, ω, E_q) non linéaire d'ordre 3 de la forme :

$$\begin{cases} \dot{\delta}(t) = \omega(t) \\ \dot{\omega}(t) = -\frac{D}{H}\omega(t) - \frac{\omega_0}{2H}\frac{1}{x_{ds}} V_s \sin\delta(t) E_q(t) + \frac{\omega_0}{2H} P_{m0} \\ \dot{E}_q(t) = \frac{x_d - x'_d}{x'_{ds}} V_s \sin\delta(t)\omega(t) - \frac{1}{T'_{d0}}\frac{x_{ds}}{x'_{ds}} E_q(t) + \frac{x_{ds}}{x'_{ds}}\frac{k_c}{T'_{d0}} u_f(t) \end{cases} \quad (1.31)$$

avec les sorties d'intérêts suivantes (tension et puissance) :

$$V_t^2(t) = \frac{x_s^2}{x_{ds}^2}\left[E_q^2(t) + V_s^2 + \frac{2x_d}{x_s} V_s \cos\delta(t) E_q(t)\right]$$

$$P_e(t) = \frac{1}{x_{ds}} V_s \sin\delta(t) E_q(t) \quad (1.32)$$

Avec :

- Variable d'entrée de commande u : la tension d'excitation $u_f(t)$ du générateur : $u(t) = u_f(t)$.
- Variables d'état x du réseau : l'angle de puissance relatif $\delta(t)$, la vitesse relative de rotation électrique $\omega(t)$ ainsi que la fréquence correspondante et la tension interne transitoire en quadrature $E'_q(t)$ ou la tension interne en quadrature $E_q(t)$ du générateur selon le modèle considéré : $x(t) =$

$[\delta(t) \quad \omega(t) \quad E_q(t)]^T$ (Cf. Chapitre 2) ou $x(t) = [\delta(t) \quad \omega(t) \quad E'_q(t)]^T$ (Cf. Chapitre 3).

- Variable à contrôler y : on veut stabiliser l'angle de puissance δ : $y(t) = \delta(t)$. Ce qui revient à stabiliser la tension de sortie V_t du générateur.

Conditions initiales : $x_0 = [\delta_0 \quad \omega_0 \quad 0]^T$.

La puissance mécanique P_m est supposée ici constante et égale à P_{m0}. ω_0 est la vitesse de rotation nominale du générateur, H et D sont les coefficients d'inertie et d'amortissement mécanique, et $x_d, x'_d, x_{ds}, x'_{ds}, T_{d0}$ les paramètres électriques, toutes ces grandeurs étant supposées constantes en régime de fonctionnement normal. Beaucoup de travaux ont été faits par rapport à la commande non linéaire des réseaux électriques. On peut citer par exemple [CON05], [LEO02], [GAL03], [MAN08], [ROO01], [WAN96], [ATA99] ou [GOU01].

Exploitation d'un réseau électrique

La puissance active P transitée entre deux réseaux de tension V_1 et V_2 présentant un angle de transport δ (déphasage entre V_1 et V_2) et connectés par une liaison d'impédance X est donnée par l'équation suivante :

$$P = \frac{V_1 V_2}{X} \sin\delta \qquad (1.33)$$

ou de façon plus générale (réseau interconnecté) :

$$P_{ik} = \frac{U_i U_k}{X_{ik}} \sin(\delta_i - \delta_k) \qquad (1.34)$$

Cette équation montre qu'il est possible d'augmenter la puissance active transitée entre deux réseaux soit en maintenant la tension des systèmes, soit en augmentant l'angle de transport entre les deux systèmes, soit en réduisant artificiellement l'impédance de la liaison.

I.4. CONCLUSIONS

Ce premier chapitre a fait l'objet de généralités sur la commande non linéaire des réseaux électriques. On a commencé par introduire ce que c'est qu'un système dynamique, les principales non linéarités, les approches de commande et de synthèse de lois de commande ainsi que les différentes propriétés. Puis, nous avons rappelé les réseaux électriques : leur constitution, problèmes de stabilité et de stabilisation, conduite,… ainsi que le cas particulier d'un système SMIB auquel nous avons donné deux modèles que nous utiliserons par la suite.

Dans le chapitre suivant, nous allons parler de l'approche multimodèle à états couplés, pour la stabilisation (commande directe de l'angle de puissance, donc de la tension de sortie) d'un réseau SMIB obtenu par transformation par secteurs non linéaires.

Chapitre II : MODELISATION ET COMMANDE D'UN SYSTEME SMIB PAR APPROCHE MULTIMODELE

II.1. INTRODUCTION

Les multimodèles constituent un moyen d'aborder les problèmes de commande dans le contexte linéaire, tout en assurant la précision de la reproduction du comportement du système dans une large plage de fonctionnement. A la lumière du nombre de travaux ces dernières années (voir [ORJ07] par exemple), cette approche a connu un regain d'intérêt, notamment dans des applications telles que la prédiction de séries temporelles, l'estimation d'état, la conception et la synthèse d'observateurs, la commande ou la simulation. Elle peut aussi être vue comme un certain type de modélisation floue, correspondant à l'approche dite de *Takagi et Sugeno (T-S en abrégé)* [TAK85], comme indiqué par exemple dans [MUR97, ICH08, ICH09, KRU06].

Dans ce chapitre, après une section de rappels sur la question, nous proposons une mise en œuvre de l'approche *multimodèles à états couplés* par transformation par secteurs non linéaires, et sa commande par *compensation parallèle distribuée* (de l'anglais Parallel Distributed Compensation : PDC) pour la stabilisation de l'angle de puissance d'un générateur électrique connecté à un bus infini (modèle SMIB [KUN93]). Nous comparons aussi les résultats avec ceux obtenus par la commande classique PID (à actions Proportionnelle, Intégrale et Dérivée).

II.2. RAPPELS SUR LES MULTIMODELES ET LA COMMANDE PDC

II.2.1. Introduction aux multimodèles

II.2.1.1. Motivation

La modélisation représente l'indispensable étape préliminaire à la conduite de processus industriels. Cette étape fondamentale est nécessaire que ce soit pour l'élaboration d'une loi de commande ou bien pour le développement d'une procédure de diagnostic. La modélisation d'un processus vise à établir les relations qui lient les variables caractéristiques de ce processus entre elles et à représenter d'une manière rigoureuse le comportement de ce processus dans un domaine de fonctionnement donné. En fonction des connaissances a priori sur le processus à étudier, on peut envisager différents types de modèles en vue de représenter son comportement.

Les sciences de l'ingénieur font largement appel aux modèles non linéaires pour décrire les comportements dynamiques des systèmes physiques réels. Si les modèles non linéaires sont en mesure de décrire correctement les comportements non linéaires d'un système, ils peuvent néanmoins s'avérer, en fonction de leur complexité mathématique, difficilement exploitables dans un contexte de synthèse d'une loi de commande et/ou de mise en place d'une stratégie de diagnostic du système. Une hypothèse contraignante, mais largement utilisée, consiste à supposer que le système évolue autour d'un point de fonctionnement. Il est alors possible d'envisager une étape de linéarisation du modèle non linéaire (linéarisation tangente) afin de réduire sa complexité mathématique et permettre l'emploi des outils d'analyse de systèmes linéaires (et même des systèmes Linéaires Invariants dans le Temps – LTI). En pratique, cependant, cette hypothèse de linéarité n'est pas toujours respectée (trop locale) et par conséquent le modèle linéarisé n'est pas complètement représentatif du comportement global du système. Une amélioration consiste, lorsque le point de fonctionnement change, à réactualiser le modèle linéarisé.

Une approche globale basée sur de multiples modèles LTI (linéaires ou affines) autour de différents points de fonctionnement a été élaborée ces dernières années.

L'interpolation de ces modèles locaux à l'aide de fonctions d'activation normalisées permet de modéliser le système global non linéaire. Cette approche, dite multimodèle, s'inspire des modèles flous de type Takagi-Sugeno (T-S).

En effet, un multimodèle réalise une partition floue de l'espace caractéristique Z dit aussi espace de décision (c'est l'espace caractérisé par l'ensemble des variables caractéristiques (de décision) $z(t)$ qui peuvent être des variables d'état mesurables et/ou la commande). Les zones de fonctionnement sont définies en termes de propositions sur les variables de prémisse. Cette représentation est connue pour ses propriétés d'approximateur universel.

Elle se révèle une technique efficace de modélisation des systèmes non linéaires relativement complexes (systèmes électromécaniques, biologiques, etc.), et permet de simplifier l'étude de :
- la stabilité d'un système non linéaire, grâce à l'outil numérique LMI (Inégalités Matricielles Linéaires) qui permet de trouver des solutions aux équations de Lyapunov,
- la synthèse des correcteurs (obtenus par exemple de retours d'état pour chaque modèle local), comme la synthèse des observateurs [AKH04].

II.2.1.2. Bref historique

Au départ, certains auteurs ont essayé de représenter des systèmes non linéaires avec des modèles linéaires par morceaux construits à partir d'un arbre de décision. Il en résulte une approximation discontinue du système due aux commutations entre les différents modèles linéaires. Malheureusement, ces discontinuités peuvent être indésirables dans la majorité des applications industrielles. Pour remédier à ce problème, il est préférable d'assurer un passage progressif d'un modèle à un autre. On substitue aux fonctions de commutation à front raide des fonctions à pente douce, ce qui crée un chevauchement entre les zones de validité des modèles. Dans ce cas, les fonctions de commutation deviennent des fonctions à dérivées continues dont la pente détermine la vitesse de passage d'un modèle à un autre.

Dans la littérature, nous pouvons dénombrer de nombreux types de modèles flous. Cependant, on peut distinguer deux classes principales de modèles flous : le modèle flou de Mamdani et le modèle flou T-S. La principale différence entre ces deux modèles réside dans la partie conséquence. Le modèle flou de Mamdani utilise des sous ensembles flous dans la partie conséquence alors que le modèle flou T-S utilise des fonctions (linéaires ou non linéaires) des variables mesurables. Dans le modèle T-S, la partie conséquence est un modèle linéaire (représentation d'état, modèle autorégressif). Afin d'exploiter la théorie très riche des modèles LTI, le modèle T-S dont la partie conséquence est un modèle linéaire en représentation d'état est de loin le plus utilisé en analyse et commande (moyen d'intervenir sur le système à contrôler).

En 1985, Takagi et Sugeno [TAK85] ont proposé un modèle flou d'un système constitué d'un ensemble de règles « si prémisse alors conséquence », telle que la conséquence d'une règle est un modèle affine. Le modèle global s'obtient par l'agrégation des modèles locaux. Quelques années après, Jacob et al ont présenté l'approche multi-experts qui est la combinaison de différents experts par l'entremise de fonctions d'activation, tel qu'un expert est un modèle décrivant le comportement local d'un système. L'ensemble de toutes ces techniques conduit à un modèle global d'un système qui est une combinaison de modèles localement valables.

La représentation des systèmes dynamiques non linéaires par multimodèle est une technique relativement récente dont la formalisation mathématique date des travaux de Johansen et Foss en 1992 [JOH92]. Elle regroupe en son sein plusieurs concepts de modélisation connus sous d'autres appellations telles que modèles flous, systèmes multi-experts, etc. Les multimodèles apparaissent ainsi comme une généralisation de plusieurs types de modèles.

L'approche multimodèle permet d'éviter l'utilisation d'un modèle unique très complexe. L'idée est de réduire la complexité du système en effectuant une décomposition de son espace de fonctionnement en un nombre fini de zones de moindre complexité délimitées par une fonction poids. Chaque zone de fonctionnement est ensuite modélisée par un sous-modèle de structure simple. La caractérisation du comportement dynamique du système est alors effectuée en combinant la contribution relative de chaque sous-modèle à travers ces fonctions poids associées.

On préfère rechercher un modèle apte à donner une bonne caractérisation globale du comportement dynamique du procédé, tout en permettant au concepteur une utilisation aisée, par exemple au moyen de techniques d'analyse de systèmes linéaires. Afin de répondre à ces attentes, de nouvelles techniques de modélisation ont vu le jour. Parmi elles, figure l'approche multimodèle. Les multimodèles permettent de prendre en compte la présence de plusieurs modes de fonctionnement. Le point commun aux différentes techniques de modélisation de systèmes non linéaires est la décomposition du comportement dynamique du système non linéaire en un nombre M de zones de fonctionnement, chaque zone étant caractérisée par un sous-modèle f_i. En fonction de la zone où le système non linéaire évolue, la sortie $\hat{y}_i$ de chaque sous-modèle contribue plus ou moins à l'approximation $\hat{y}$ du comportement global du système non linéaire, soit :

$$\hat{y}(k) = \sum_{i=1}^{M} \mu_i(k)\hat{\mu}_i(k) \qquad (2.1)$$

où la contribution de chaque sous-modèle est définie par les fonctions de pondération μ_i.

Les multimodèles offrent des propriétés mathématiques qui peuvent être mises à profit lors de la synthèse de l'observateur. Ces propriétés favorisent en particulier l'extension aux systèmes non linéaires de certains résultats obtenus pour les systèmes linéaires et ce, sans avoir à effectuer d'analyse spécifique de la non-linéarité du système.

Les multimodèles reposent sur la stratégie du « diviser pour régner ». Le système est complètement représenté par la donnée d'un ensemble de modèles locaux, leur région de validité et le mécanisme d'interpolation. Le comportement global obtenu pour le système complexe modélisé est fortement lié à la nature de la procédure gérant la transition d'un mode de fonctionnement à l'autre.

L'approche multimodèle connaît un regain d'intérêt ces dernières années, notamment dans des applications telles que la prédiction de séries temporelles, la commande ou la simulation.

Dans la plupart des travaux, des modèles locaux de structure affine sont utilisés en raison de leur simplicité. Cependant, si le système comporte de fortes non linéarités, le nombre de modèles locaux peut être très important, ce qui augmente la complexité du modèle. La validité locale d'un modèle pour une observation donnée est spécifiée par un degré d'activation du modèle qui indique en même temps le degré d'appartenance de l'observation (ou de la variable d'indexation correspondante) à la zone de validité du modèle. Les zones de validité étant des sous-espaces obtenus par subdivision de l'espace de fonctionnement global du système suivant des variables appelées variables d'indexation. Le degré d'activation d'un modèle local prend une valeur suffisamment importante (proche de 1) si la variable d'indexation correspondant à l'observation est proche du « centre » de la zone de validité du modèle, et tend progressivement vers zéro au fur et à mesure que la variable d'indexation s'en éloigne.

II.2.2. Modélisation multimodèle

II.2.2.1. Structures

Le principe de l'approche multimodèle repose sur l'appréhension du comportement d'un système à l'aide d'un ensemble de sous-modèles agrégés à travers un mécanisme d'interpolation. Les multimodèles constituent alors un outil adapté à la modélisation des systèmes non linéaires. Quant à l'extension des outils d'analyse développés dans le cadre des systèmes linéaires, elle peut être envisagée sans effectuer une analyse spécifique de la non-linéarité du système.

On peut énumérer différentes formes de multimodèles selon que l'on fait la segmentation sur l'entrée ou sur la sortie (c'est-à-dire sur les variables d'état mesurables) et aussi selon la nature du couplage entre les modèles locaux associés aux zones de fonctionnement.

Plusieurs structures permettent alors d'interconnecter les différents sous-modèles afin de générer la sortie globale du multimodèle. Trois structures de multimodèles peuvent être distinguées selon la nature du couplage entre les modèles locaux :
- la première à états couplés, où les sous-modèles partagent le même vecteur d'état (multimodèle T-S : sous-modèles homogènes) : utilisation des sorties globales dans l'expression,
- la seconde à états découplés (voir [ORJ06] et [ORJ08] par exemple) : où les sous-modèles sont découplés, chaque sous-modèle possédant alors son propre vecteur d'état (multimodèle découplé : sous-modèles hétérogènes).

Ces deux structures font appel à des mécanismes différents d'agrégation des sous-modèles,
- la troisième à structure hiérarchisée.

Multimodèle à états couplés (T-S)

La structure du multimodèle T-S a été initialement proposée, dans un contexte de modélisation floue, par Takagi et Sugeno dans les années 80 [TAK85] et a été depuis largement popularisée, dans un contexte multimodèle, par les travaux de Johansen et Foss [JOH92]. L'intérêt de cette structure pour effectuer la modélisation, la commande ou l'estimation d'état, de l'observation et du diagnostic des systèmes non linéaires a été largement démontré.

Les modèles T-S constituent une représentation mathématique très intéressante des systèmes non linéaires car ils permettent de représenter tout système non linéaire, quelle que soit sa complexité, par une structure simple en s'appuyant sur des modèles linéaires interpolés par des fonctions non linéaires positives ou nulles et bornées. Ces modèles permettent de représenter de manière précise les systèmes non linéaires. Ils ont une structure simple présentant des propriétés intéressantes les rendant facilement exploitables du point de vue mathématique et permettant l'extension de certains résultats du domaine linéaire aux systèmes non linéaires. Le multimodèle T-S s'adapte donc particulièrement bien à la modélisation des systèmes complexes présentant des nonlinéarités et des changements de structure engendrés par leur mode de fonctionnement.

Comme précisé dans l'introduction, la difficulté d'étude des modèles de la forme :

$$\begin{cases} \dot{x}(t) = f(x(t), u(t)) \\ y(t) = h(x(t), u(t)) \end{cases} \quad (2.2)$$

où $(f, h) \in R^{2n}$ sont des fonctions non linéaires continues, $x(t) \in R^n$ est le vecteur d'état et $u(t) \in R^m$ est le vecteur d'entrée,

a conduit à l'étude de classes particulières représentant seulement un ensemble restreint de systèmes non linéaires.

Tout modèle flou T-S d'un système non linéaire est structuré comme une interpolation de systèmes linéaires. Un modèle flou de type T-S utilise des règles comme suit :

<u>Règle i</u> :

Si $z_1(t)$ est F_{i1},... et $z_p(t)$ est F_{ip}, alors :

$$\begin{cases} \dot{x}(t) = A_i x(t) + B_i u(t) \\ \quad y(t) = C_i x(t) \end{cases} \quad (2.3)$$

où $x(t) \in R^n$ est le vecteur d'état, $u(t) \in R^m$ le vecteur d'entrée et $y(t) \in R^q$ est le vecteur de sortie, F_{ij} sont les fonctions d'appartenance des ensembles flous, $i = \{1, ..., M\}$, M est le nombre de règles, $j = \{1, ..., p\}$, $A_i \in R^{n \times n}$, $B_i \in R^{n \times m}$ et $C_i \in R^{q \times n}$.

$z_1(t)$, ..., $z_p(t)$ sont les variables des prémisses qui peuvent être des fonctions des variables d'état, des entrées ou une combinaison des deux. A chaque règle est attribué un poids $w_i(z(t))$ qui dépend du vecteur $z(t) = [z_1(t), ..., z_p(t)]$ et du choix de l'opérateur logique. L'opérateur « ET » est souvent choisi comme étant le produit, d'où :

$$w_i(z(t)) = \prod_{j=1}^{p} F_{ij}(z_j(t)) \quad ; i = \{1, ..., M\} \quad (2.4)$$

Avec $w_i(z(t)) \geq 0, \quad \forall t \geq 0$

Le modèle global est :

$$\dot{x}(t) = \frac{\sum_{i=1}^{M} w_i(z(t))(A_i x(t) + B_i u(t))}{\sum_{i=1}^{M} w_i(z(t))} \tag{2.5}$$

Sachant que :

$$\mu_i(z(t)) = \frac{w_i(z(t))}{\sum_{i=1}^{M} w_i(z(t))} \tag{2.6}$$

La structure du multimodèle T-S se présente alors sous les formes suivantes, de même le signal de sortie qui est obtenu par la même technique :

En mode continu :

$$\begin{cases} \dot{x}(t) = \sum_{i=1}^{M} \mu_i(z(t))\{A_i x(t) + B_i u(t)\} \\ y(t) = \sum_{i=1}^{M} \mu_i(z(t))(C_i x(t)) \end{cases} \tag{2.7}$$

Ou encore :

$$\begin{cases} x(t+1) = \sum_{i=1}^{M} \mu_i(z(t))\{A_i x(t) + B_i u(t)\} \\ y(t) = \sum_{i=1}^{M} \mu_i(z(t))(C_i x(t)) \end{cases} \tag{2.8}$$

En mode discret :

Soit le système non linéaire discret :

$$\begin{cases} x(k+1) = f(x(k)) + B(x(k))u(k) \\ y(k) = g(x(k)) \end{cases} \tag{2.9}$$

D'où la représentation multimodèle :

$$\begin{cases} x(k+1) = \sum_{i=1}^{M} \mu_i(z(k))\{A_i x(k) + B_i u(k)\} \\ y(k) = \sum_{i=1}^{M} \mu_i(z(k))(C_i x(k)) \end{cases} \tag{2.10}$$

Où $\mu_i(z(k))$, $i \in I_n$ sont les fonctions d'activation et $z(k)$ les variables de décision. La fonction $\mu_i(z(t))$ dite d'activation détermine le degré d'activation du i-ème modèle local associé et représente les fonctions de pondération qui assurent la transition entre les sous-modèles voisins. Selon la zone où évolue le système, cette fonction indique la contribution plus ou moins importante du modèle local correspondant dans le modèle global. Ces fonctions peuvent être de forme triangulaire, sigmoïdale ou gaussienne, et satisfont les propriétés de somme convexe suivantes :

$$\begin{cases} 0 \leq \mu_i(z(t)) \leq 1 \\ \sum_{i=1}^{M} \mu_i(z(t)) = 1 \end{cases}; \quad \forall i = 1, \dots, M, \quad \forall t \tag{2.11}$$

La variable d'indexation $z(t)$ peut correspondre, par exemple, à des variables mesurables du système (le signal d'entrée ou de sortie du système) ou à des variables non mesurables (l'état du système par exemple).

La particularité d'un modèle T-S est que les ensembles flous sont seulement utilisés dans la partie prémisse des règles. La partie conclusion est décrite par des modèles numériques. Cette particularité rend un modèle flou T-S équivalent à un multimodèle. Une formulation mathématique plus générale des modèles T-S est donnée par les équations suivantes :

$$\begin{cases} \dot{x}(t) = \sum_{i=1}^{M} \mu_i(z(t))(A_i x(t) + B_i u(t)) \\ y(t) = \sum_{i=1}^{M} \mu_i(z(t))(C_i x(t) + D_i u(t)) \end{cases} \quad (2.12)$$

Les M sous-modèles sont définis par des matrices connues $A_i \in R^{n \times n}$, $B_i \in R^{n \times m}$, $C_i \in R^{q \times n}$ et $D_i \in R^{q \times m}$.

Les modèles nonlinéaires flous T-S sont assimilables à des multimodèles. Ils comprennent :
- les fonctions d'activation ou d'interpolation,
- l'espace caractéristique de décision Z : espace caractérisé par l'ensemble des variables caractéristiques $z(t)$ qui peuvent être des variables d'état mesurables et/ou la commande,
- les variables de décision et,
- les modèles locaux ou sous-modèles : on distingue les modèles locaux affines, les modèles locaux polynomiaux et les modèles locaux neuronaux de type MLP.

a) Modèles locaux couplés avec segmentation de l'entrée

Modèle local i :

$$\begin{cases} x_i(k+1) = A_i x(k) + B_i \bar{u}(k) \\ \quad\quad y_i(k) = C_i x_i(k) \end{cases} \quad (2.13)$$

$$\bar{u}(k) = \mu_i(z(k))u(k) \; ; \; i \in I_n \quad (2.14)$$

Modèle global :
$$\begin{cases} x(k+1) = \sum_{i=1}^{M} x_i(k+1) = \sum_{i=1}^{M}\big(A_i x(k) + B_i \bar{u}(k)\big) \\ \quad y(k) = \sum_{i=1}^{M} y_i(k) = \sum_{i=1}^{M} C_i x_i(k) \end{cases} \qquad (2.15)$$

b) Modèles locaux couplés avec interpolation des sorties locales

Modèle local i :
$$\begin{cases} x_i(k+1) = A_i x(k) + B_i u(k) \\ \quad y_i(k) = C_i x_i(k) \end{cases} ; \qquad i \in I_n \qquad (2.16)$$

Modèle global :
$$\begin{cases} x(k+1) = \sum_{i=1}^{M} \mu_i\big(z(k)\big)\big(A_i x(k) + B_i \bar{u}(k)\big) \\ \quad y(k) = \sum_{i=1}^{M} \mu_i\big(z(k)\big) C_i x_i(k) \end{cases} \qquad (2.17)$$

Multimodèles à états découplés

La structure du multimodèle découplé introduit une certaine flexibilité dans l'étape de modélisation. En effet, la dimension des sous-modèles peut être adaptée à la complexité des zones de fonctionnement car dans cette structure, chaque sous-modèle peut avoir un nombre d'états différent. Ce multimodèle a déjà été exploité pour effectuer l'identification et/ou la commande des systèmes non linéaires. En revanche, les possibilités offertes par cette structure pour l'estimation d'état restent actuellement peu exploitées.

Ce type de multimodèle dit découplé se caractérise par des sous-modèles sans état commun, par opposition au multimodèle classiquement utilisé dit T-S où les sous-modèles partagent le même état. Il offre ainsi la possibilité d'utiliser un vecteur d'état de dimension différente pour chaque sous-modèle. Des conditions garantissant la convergence de l'erreur d'estimation sont formulées par un ensemble de LMIs.

Dans ce contexte de modélisation, plusieurs catégories de multimodèles peuvent être distinguées selon la façon dont les sous-modèles sont associés. Parmi elles figure le multimodèle découplé. La différence entre cette structure et celle présentée au paragraphe précédent réside dans le fait que chaque modèle local est indépendant de tous les autres :

$$\begin{cases} \dot{x}_i(t) = A_i x_i(t) + B_i u(t) + D_i \\ y_i(t) = C_i x_i(t) + E_i u(t) + N_i \end{cases} \qquad (2.18)$$

Dans cette structure, la notion d'état local, correspondant à un domaine de fonctionnement, apparaît beaucoup clairement. Le multimodèle (modèle global) est ainsi donné par :

$$\begin{cases} \dot{x}_i(t) = A_i x_i(t) + B_i u(t) + D_i \\ y_m(t) = \sum_{i=1}^{M} \mu_i(z(t))(C_i x_i(t) + E_i u(t) + N_i) \end{cases} ; i \in \{1, \dots, M\} \qquad (2.19)$$

Rappelons que les variables locales $x_i(t)$ n'ont pas forcement un sens physique. Les matrices A_i, B_i et D_i ainsi que les fonctions d'activation $\mu_i(z(t))$ sont calculées de la même façon que précédemment (structure couplée). Cette structure peut être vue comme la connexion parallèle de M modèles affines pondérés par leurs poids respectifs.

Ce multimodèle peut aussi se présenter sous la forme d'une représentation d'état par :

$$\begin{cases} \dot{x}_i(t) = (A_i + \Delta A_i) x_i(t) + B_i u(t) + D_i d(t) \\ \qquad y_i(t) = C_i x_i(t) \end{cases} \qquad (2.20)$$

$$y(t) = \sum_{i=1}^{M} \mu_i(z(t)) y_i(t) + W d(t) \qquad (2.21)$$

où $x_i \in R^n$ et $y_i \in R^q$ sont respectivement le vecteur d'état et le vecteur de sortie du i-ème sous-modèle ; $u \in R^m$, $y \in R^q$ et $d \in R^p$ sont respectivement l'entrée, la sortie et la perturbation du système. Les matrices $A_i \in R^{n \times n}$, $B_i \in R^{n \times m}$, $D_i \in R^{n \times q}$, $C_i \in R^{q \times n}$ et $W \in R^{q \times p}$ sont des matrices constantes connues caractérisant le comportement nominal de chaque sous-modèle et l'influence des perturbations sur le système.

Les imprécisions de la modélisation du système sont représentées par des incertitudes structurées bornées en norme :

$$\Delta A_i = M_i F_i(t) N_i \qquad (2.22)$$

où M_i et N_i sont des matrices connues, constantes et de dimensions appropriées et $F_i(t)$ une fonction matricielle inconnue, avec des éléments de Lebesgue mesurables, satisfaisant à :

$$F_i^T(t) F_i(t) \leq I; \quad \forall t \qquad (2.23)$$

Les différentes zones de fonctionnement du système sont indexées à l'aide de la variable de décision $z(t)$ supposée inconnue mais accessible par mesure en temps réel. Elle est une variable caractéristique du système, par exemple, des variables d'état mesurables et/ou des signaux d'entrée ou de sortie.

La contribution relative de chaque sous-modèle, selon la zone où évolue le système, est déterminée par les *fonctions de pondération* $\mu_i(z(t))$. Elles délimitent les zones de validité, assurent la transition entre les sous-modèles et possèdent les propriétés de somme convexe. La sortie du multimodèle est alors obtenue en effectuant une somme pondérée des sorties des sous-modèles.

a) Modèles locaux découplés avec segmentation de l'entrée

Modèle local i :

$$\begin{cases} x_i(k+1) = A_i x_i(k) + B_i \bar{u}(k) \\ \quad y_i(k) = C_i x_i(k) \end{cases} ; \qquad (2.24)$$

$$\bar{u}(k) = \mu_i(z(k))u(k) \, ; \, i \in I_n \qquad (2.25)$$

Modèle global :

$$\begin{cases} x(k+1) = \sum_{i=1}^{M}(A_i x_i(k) + B_i \bar{u}(k)) \\ \quad y(k) = \sum_{i=1}^{M} y_i(k) \end{cases} \qquad (2.26)$$

b) Modèles locaux découplés avec interpolation des sorties locales

Modèle local i :

$$\begin{cases} x_i(k+1) = A_i x_i(k) + B_i u(k) \\ \quad y_i(k) = C_i x_i(k) \end{cases} ; \qquad i \in I_n \qquad (2.27)$$

Modèle global :

$$\begin{cases} x(k+1) = \sum_{i=1}^{M} \mu_i(z(k))(A_i x_i(k) + B_i \bar{u}(k)) \\ \quad y(k) = \sum_{i=1}^{M} \mu_i(z(k)) y_i(k) \end{cases} \qquad (2.28)$$

Multimodèle à structure hiérarchisée ou hypermultimodèle

Bien que l'approche multimodèle ait connu un grand succès dans beaucoup de domaines (commande, diagnostic, ...), son application est limitée aux systèmes ayant peu de variables (dimension réduite). Le nombre de modèles locaux augmente d'une façon exponentielle avec l'augmentation du nombre de variables. Par exemple, un multimodèle à sortie unique avec n variables et m fonctions d'activation définies pour chaque variable est composé de m^n modèles locaux. Les chercheurs ont étudié ce problème en utilisant différentes approches. Pour surmonter ce problème, Raju et al ont proposé un multimodèle à structure hiérarchique afin de réduire le nombre de modèles locaux.

Un *hypermultimodèle* ou multimodèle hiérarchisé est un multimodèle de multimodèles. Ce type de structure vise à réduire la complexité du multimodèle global et à améliorer l'interprétation de chaque multimodèle. Il est ainsi possible de modéliser des systèmes de grande dimension à partir d'une décomposition en sous-systèmes modélisables à leur tour par un multimodèle.

En résumé, les principaux intérêts de l'approche multimodèles sont les suivants :
- les multimodèles constituent des approximateurs universels, n'importe quel système non linéaire pouvant être approximé avec une précision imposée en augmentant le nombre de sous-modèles. En pratique cependant, un nombre relativement réduit de sous-modèles suffit à l'obtention d'une approximation satisfaisante ;
- les outils d'analyse des systèmes linéaires peuvent être utilisés, au moins partiellement, sur les multimodèles si les sous-modèles sont de type linéaire ;
- il est possible de relier le multimodèle à la physique du système non linéaire afin de donner un sens au multimodèle et plus précisément d'associer à un sous-modèle un comportement particulier du système non linéaire.

Classiquement, trois problèmes doivent être résolus pour élaborer un multimodèle :
- la décomposition du comportement dynamique (décomposition de l'espace de fonctionnement) du système non linéaire en un nombre M de zones de fonctionnement et le choix de la variable d'indexation des fonctions de

pondération, cette étape s'accompagne éventuellement d'une optimisation des fonctions poids associées à chaque zone,
- le choix de la variable caractéristique (c'est-à-dire la variable de décision *z*) du système permettant d'indexer les fonctions de pondération,
- la détermination (le choix) de la structure du multimodèle et l'identification paramétrique (détermination des paramètres) de chaque sous-modèle (procédure d'agrégation des sous-modèles).

II.2.2.2. Obtention

Afin d'obtenir un multimodèle, on peut citer trois approches largement utilisées dans la littérature.

La première approche repose sur les techniques d'identification. La structure du modèle ainsi que les fonctions d'activation sont tout d'abord choisies a priori. En utilisant des jeux de données d'entrées-sorties récoltées à partir des mesures effectuées sur le système réel, des techniques d'identification sont ensuite mises en place en cherchant ou en imposant la structure du multimodèle. On utilise la méthode par identification de type « boîte noire » lorsque le système non linéaire n'a pas de forme analytique.

La seconde approche repose sur la linéarisation du modèle non linéaire explicite que l'on souhaite « simplifier » ou rendre plus manipulable autour de plusieurs points de fonctionnement. Dans ce cas, il s'agit de modèles locaux affines dus à la présence de la constante de linéarisation, les différentes valeurs des constantes de linéarisation du modèle non linéaire donnent les différents modèles locaux affines. Des sous-modèles linéaires sont alors obtenus pour chaque zone de fonctionnement. En utilisant des techniques d'optimisation afin de minimiser l'erreur quadratique de sortie, les fonctions d'activation peuvent être générées. On utilise la méthode par linéarisation du système autour de plusieurs points de fonctionnement lorsqu'on dispose d'un modèle mathématique.

La troisième approche est basée directement sur la connaissance analytique du modèle non linéaire. Elle est connue sous le nom de transformation par secteurs non linéaires. C'est une transformation mathématique, plus précisément une transformation polytopique convexe d'un système linéaire affine en la commande. Contrairement aux deux approches précédentes qui donnent une approximation du modèle non linéaire, cette troisième méthode fournit un modèle T-S représentant de manière exacte le modèle non linéaire. L'idée de cette approche est l'appréhension du comportement non linéaire d'un système par un ensemble de modèles locaux caractérisant le comportement du système dans différentes zones de fonctionnement. En effet, les multimodèles s'écrivent sous forme d'interpolation entre des modèles linéaires (LTI) valide dans une zone de fonctionnement. On utilise donc la méthode basée sur des transformations mathématiques lorsqu'un modèle analytique est disponible. C'est ce que nous allons utiliser dans le cadre de ce travail.

Dans le cas des deux premières méthodes, les paramètres du multimodèle (paramètres des modèles locaux et des fonctions d'activation) sont obtenus en utilisant des algorithmes d'optimisation numériques en choisissant la structure du multimodèle ainsi que les fonctions d'activation. Dans la première situation, à partir des données sur les entrées et les sorties, nous pouvons identifier les paramètres du modèle local correspondant aux différents points de fonctionnement. Dans la deuxième et la troisième situation, on suppose disposer d'un modèle mathématique non linéaire.

Obtention du multimodèle par identification

En représentant un système non linéaire sous forme multimodèle, le problème de l'identification des systèmes non linéaires est réduit à l'identification des sous-systèmes définis par des modèles locaux linéaires et des fonctions d'activation. Les méthodes d'optimisation numérique sont alors utilisées pour estimer ces paramètres. Généralement, la construction d'un multimodèle à partir des entrées/sorties exige :
- la définition d'une structure de multimodèle,
- la définition des fonctions d'appartenance,
- l'estimation des paramètres des fonctions d'activation et des modèles locaux et,

- l'évaluation des performances du multimodèle.

Pour l'identification des systèmes non linéaires par les multimodèles, un des points fondamentaux dans cette décomposition reste le choix du nombre ainsi que l'emplacement des points de fonctionnement afin de refléter au mieux l'évolution intrinsèque du système. Il est important de définir des critères pour une meilleure sélection des régimes linéaires :
- stabilité des régimes de fonctionnement,
- bonnes performances des régimes et,
- bonnes commutations entre les modèles.

Cependant, l'augmentation des problèmes liés à la commutation entre modèles et au temps de calcul n'est pas négligeable. De ce fait, il sera judicieux de choisir le nombre de modèles et la zone des modèles avec parcimonie.

Lorsque le modèle du système est non linéaire par rapport aux paramètres, il n'existe pas de solution analytique afin d'estimer ces paramètres. On recourt à des techniques itératives d'optimisation non linéaire. Plusieurs méthodes d'optimisation peuvent être utilisées, selon les informations disponibles a priori. Si la connaissance a priori sur les paramètres des fonctions d'activation et ceux des modèles locaux ne sont pas disponibles. Alors, ces paramètres doivent être optimisés au moyen d'une procédure itérative en raison des non-linéarités du modèle global (multimodèle) par rapport à ses paramètres.

Les méthodes d'optimisation sont généralement basées sur la minimisation d'une fonction de l'écart entre la sortie estimée du multimodèle $y_m(t)$ et la sortie mesurée du système $y(t)$. Le critère le plus utilisé est le critère qui représente l'écart quadratique entre les deux sorties indiquées.

$$J(\theta) = \frac{1}{2}\sum_{t=1}^{N} \varepsilon(t,\theta)^2 = \frac{1}{2}\sum_{t=1}^{N} \big(y_m(t) - y(t)\big)^2 \qquad (2.29)$$

où N est l'horizon d'observation et θ est le vecteur de paramètres des modèles locaux et ceux des fonctions d'activation.

Les méthodes de minimisation du critère $J(\theta)$ s'appuient, le plus souvent, sur un développement limité du critère $J(\theta)$ autour d'une valeur particulière du vecteur de paramètres $\boldsymbol{\theta}$ et d'une procédure itérative de modification progressive de la solution. Si l'on note $\boldsymbol{k}$ l'indice d'itération de la méthode de recherche et $\boldsymbol{\theta(k)}$ la valeur de la solution à l'itération $\boldsymbol{k}$, la mise à jour de l'estimation s'effectue de la manière suivante :

$$\theta(k+1) = \theta(k) + \vartheta D(k) \qquad (2.30)$$

Où ϑ représente un facteur d'ajustement permettant de régler la vitesse de convergence vers la solution, $\boldsymbol{D(k)}$ est la direction de recherche dans l'espace paramétrique. Selon la façon dont $\boldsymbol{D(k)}$ est calculée, on distingue différentes méthodes d'optimisation numérique dont les principales sont l'algorithme Levenberg-Marquardt, l'algorithme du gradient et l'algorithme de Newton ainsi que l'algorithme de Gauss-Newton.

a) Algorithme du gradient

Cette méthode est basée sur un développement du critère $\boldsymbol{J(\theta)}$ au premier ordre. La direction de recherche à l'itération $\boldsymbol{k}$ est spécifiée par le gradient $\boldsymbol{G(\theta(k))}$ du critère de la manière suivante :

$$D(k) = G\big(\theta(k)\big) = \left.\frac{\partial J}{\partial \theta}\right|_{\theta=\theta(k)} = \sum_{t=1}^{N} \left.\frac{\partial \varepsilon(t,\theta)}{\partial \theta}\right|_{\theta=\theta(k)} \qquad (2.31)$$

ϑ dépend de la vitesse de convergence du critère. Généralement, il est calculé par une méthode heuristique qui consiste à augmenter ϑ si le critère décroît et à le réduire dans le cas contraire.

b) Algorithme de Newton

Cette fois, l'algorithme est basé sur le développement au deuxième ordre. La direction et le pas de recherche sont spécifiés simultanément par l'équation :

$$D(k) = H^{-1} G\big(\theta(k)\big) \qquad (2.32)$$

ou $\boldsymbol{H(k)}$ est la matrice hessienne du critère défini par :

$$H(k) = \frac{\partial \varepsilon(t,\theta)}{\partial \theta} \frac{\partial \varepsilon(t,\theta)}{\partial \theta^T} + \sum_{t=1}^{N} \left.\frac{\partial \varepsilon^2(t,\theta)}{\partial \theta^2} \varepsilon(t,\theta)\right|_{\theta=\theta(k)} \qquad (2.33)$$

Dans ce cas, le pas de recherche ϑ est égal à **1**. L'inconvénient principal de cet algorithme réside dans le calcul de l'inversion du hessien à chaque itération.

c) Algorithme de Gauss-Newton

Afin de simplifier la méthode de Newton, on utilise une expression approchée du hessien en négligeant les termes du deuxième ordre, on obtient :

$$H_a = \frac{\partial \varepsilon(t,\theta)}{\partial \theta} \frac{\partial \varepsilon(t,\theta)}{\partial \theta^T} \qquad (2.34)$$

Le hessien étant défini positif, cet algorithme garantit la convergence vers un minimum. Cet algorithme est sensible au choix initial du vecteur des paramètres θ et lorsque la dimension de l'espace des paramètres est très importante, l'algorithme risque de converger vers des minimas locaux.

Gasso a présenté plusieurs méthodes d'optimisation paramétrique d'une structure multimodèle. Pour simplifier le problème, soit il suppose que la position des points de fonctionnement est connue, soit il met en œuvre une procédure à deux niveaux qui alterne entre l'optimisation du vecteur de paramètres des modèles locaux et celle du vecteur de paramètres des fonctions d'activation.

Les modèles « boite noire » sont identifiés à partir des données sur les entrées et sur les sorties autour de différents points de fonctionnement. Indépendamment du type de modèle choisi, cette identification requiert la recherche d'une structure optimale, l'estimation des paramètres et la validation du modèle final.

L'identification d'un système, en temps réel ou non, est une étape essentielle de n'importe quelle conception de système de commande ou de diagnostic. L'identification des systèmes linéaires a été étudiée depuis de très nombreuses années et beaucoup de méthodes permettent de conduire cette étude. Cependant, dans beaucoup de situations pratiques, l'hypothèse de linéarité ne peut pas être vérifiée et s'avère inappropriée en raison de l'existence d'éléments non linéaires et/ou variants dans le temps. Dans ce cas, il est difficile d'appliquer les méthodes conventionnelles d'identification. Ces dernières années, le développement de nouvelles méthodologies de commande dans le domaine de l'intelligence artificielle comme les réseaux de neurones et la théorie de la logique floue, ont fourni des outils alternatifs pour aborder le problème de l'identification des systèmes non linéaires. En particulier, depuis l'introduction de la notion de la logique floue par Zadeh, beaucoup de chercheurs ont montré l'intérêt de cette théorie pour l'identification des systèmes représentés par des multimodèles.

En représentant un système non linéaire sous forme multimodèle, le problème de l'identification de systèmes non linéaires est réduit à l'identification des sous-systèmes définis par des modèles locaux linéaires. Les méthodes d'estimation basées sur les moindres carrés sont alors utilisées pour identifier les paramètres du multimodèle (modèles locaux) et ceux des fonctions d'activation. Cependant, cette méthode exige la connaissance des données entrées-sorties du système non linéaire autour de différents points de fonctionnement afin de pouvoir caractériser les modèles locaux.

Obtention du multimodèle par linéarisation

Dans ce cas, on dispose de la forme analytique du modèle non linéaire du processus physique qu'on linéarise autour de différents points de fonctionnement judicieusement choisis. Considérons le système non linéaire de la forme (2.2).

Par la suite, nous représenterons le système non linéaire par un multimodèle, composé de plusieurs modèles locaux linéaires ou affines obtenus en linéarisant le système non linéaire autour d'un point de fonctionnement arbitraire $(x_i, u_i) \in R^n \times R^m$:

$$\begin{cases} \dot{x}_m(t) = \sum_{i=1}^{M} \mu_i\big(z(t)\big)(A_i x_m(t) + B_i u(t) + D_i) \\ y_m(t) = \sum_{i=1}^{M} \mu_i\big(z(t)\big)(C_i x_m(t) + E_i u(t) + N_i) \end{cases} \qquad (2.35)$$

Avec :

$$A_i = \frac{\partial F(x,u)}{\partial x}\Big|_{\substack{x=x_i \\ u=u_i}} ; B_i = \frac{\partial F(x,u)}{\partial u}\Big|_{\substack{x=x_i \\ u=u_i}} ; D_i = F(x_i, u_i) - A_i x - B_i u$$

$$C_i = \frac{\partial G(x,u)}{\partial x}\Big|_{\substack{x=x_i \\ u=u_i}} ; E_i = \frac{\partial G(x,u)}{\partial u}\Big|_{\substack{x=x_i \\ u=u_i}} ; N_i = G(x_i, u_i) - C_i x - E_i u \qquad (2.36)$$

Notons que dans ce cas, le nombre **M** de modèles locaux dépend de la précision de modélisation souhaitée, de la complexité du système non linéaire et du choix de la structure des fonctions d'activation.

Obtention du multimodèle par transformation

Nous proposons d'étudier cette transformation dans le cas général d'un système non linéaire affine en la commande donnée en (2.8).

La méthode est basée sur une transformation polytopique convexe de fonctions scalaires origine de la non-linéarité [ICH08]. L'avantage d'une telle méthode est de ne pas engendrer d'erreur d'approximation et de réduire le nombre de modèles par rapport à la méthode de linéarisation. La méthode présentée est basée uniquement sur la bornitude des termes non linéaires (c'est-à-dire des fonctions continues).

Considérons le cas général d'un système continu non linéaire :

$$\dot{x}(t) = f(x(t)) + Bu(t). \tag{2.37}$$

Avec : $x(.) \in R^n$; $u(.) \in R^m$; $f(x(.)) \in R^n$ et $B \in R^{n \times m}$

Lemme 2.1 [WAN95] : *Soit* $h(x(t))$ *une fonction bornée de* $[a,b] \to R$; *pour tout* $x \in [a,b]$ *avec* $(a,b) \in R^{+2}$. *Alors il existe deux fonctions* :

$F_i(.) : [a,b] \to [0,1]$; $i \in I_2$

$$x(t) \to F^i(x(t)) \tag{2.38}$$

Avec $F^1(x(t)) + F^2(x(t)) = 1$ *et deux scalaires* α *et* β *tels que* :

$$h(x(t)) = \alpha. F^1(x(t)) + \beta. F^2(x(t)) \tag{2.39}$$

Une décomposition de **h** sur **[a, b]** peut en effet être obtenue par :

$$\beta = \min_{x \in [a,b]} h(x) ; \quad \alpha = \max_{x \in [a,b]} h(x) \tag{2.40}$$

$$F^1(x(t)) = \frac{h(x(t)) - \beta}{\alpha - \beta} ; \quad F^2(x(t)) = \frac{\alpha - h(x(t))}{\alpha - \beta} \tag{2.41}$$

Sous l'hypothèse de la continuité et la bornitude des fonctions $f(x(t))$ et $g(x(t))$ avec $f(0) = 0$ et $g(0) = 0$, ces fonctions peuvent être réécrites sous la forme suivante :

$$f(x(t)) = \sum_{i=1}^{2} F^i(x(t)) A_i x(t) ; \quad g(x(t)) = \sum_{i=1}^{2} F^i(x(t)) C_i x(t) \tag{2.42}$$

Le modèle devient :

$$\begin{cases} \dot{x}(t) = \sum_{i=1}^{2} F^i\big(x(t)\big)\big(A_i x(t) + B_i u(t)\big) \\ y(t) = \sum_{i=1}^{2} F^i\big(x(t)\big)\big(C_i x(t) + D_i u(t)\big) \end{cases} \quad (2.43)$$

Dans ce cas, le multimodèle obtenu représente de façon exacte le modèle non linéaire sur l'intervalle compact considéré.

Rappelons que dans le contexte de la synthèse de régulateurs par analyse convexe, le nombre de contraintes LMIs est égal au nombre de modèles locaux. Ainsi, il faut minimiser le nombre de modèles locaux. La réduction de ce nombre, dépendant de la méthode de transformation, est synonyme de moins de conservatisme. Ces méthodes s'appliquent au cas continu qu'au cas discret.

En mode continu :

$$\begin{cases} \dot{x}(t) = f\big(x(t)\big) + B\big(x(t)\big)u(t) \\ y(t) = g\big(x(t)\big) + D\big(x(t)\big)u(t) \end{cases} \quad (2.44)$$

En mode discret :

$$\begin{cases} x(k+1) = f\big(x(k)\big) + B\big(x(k)\big)u(k) \\ y(k) = g\big(x(k)\big) + D\big(x(k)\big)u(k) \end{cases} \quad (2.45)$$

$x(.) \in R^n$; $u(.) \in R^m$; $y(.) \in R^q$; $f\big(x(.)\big) \in R^n$; $g\big(x(.)\big) \in R^q$; $B\big(x(.)\big) \in R^{n \times m}$; $D\big(x(.)\big) \in R^{q \times m}$.

Remarque :

La représentation mathématique des multimodèles s'apparente aussi à des formes de modélisation de systèmes de type Linéaires à Paramètres Variants dans le temps (ou LPV). Certains systèmes LPV sont intéressants à étudier notamment les systèmes LPV affines de la forme $A_0 + \sum_{j=1}^{N} \theta_k^j A_j$. De nombreux travaux existent dans ce domaine attractif où on traite diverses formes de modèles pouvant s'écrire sous une forme LPV. Une autre représentation intéressante des systèmes LPV est la représentation polytopique où les systèmes non linéaires sont modélisés sous une forme polytopique, similaire à celle utilisée en multimodèle. Cette forme polytopique est une généralisation des systèmes affines. Des fois, il est question d'un système avec des incertitudes paramétriques mis sous forme LPV affine puis sous forme polytopique. On notera toutefois que la présence de défauts y est rarement mentionnée et reste donc peu traitée.

II.2.3. Stabilité et stabilisation

Les modèles flous T-S en représentation d'état sont les plus utilisés en commande contrairement à un modèle entrée/sortie. De même, la synthèse de lois de commande (ou d'observateurs) des processus modélisés par l'approche multimodèle utilisent la représentation d'état afin d'étendre au cas non linéaire des techniques de commande par retour d'état.

L'analyse de la stabilité et la synthèse de loi de commande des multimodèles sont basées essentiellement sur la théorie de Lyapunov et la formulation LMI. La synthèse des régulateurs en multimodèles utilise les techniques comme les systèmes incertains, les systèmes interconnectés, la passivité, etc.

II.2.3.1. Stabilité d'un multimodèle

La stabilité des multimodèles a été beaucoup étudiée. Elle dépend de l'existence d'une matrice commune, symétrique et définie positive, qui garantit la stabilité de tous les modèles locaux. Ces conditions de stabilité peuvent être exprimées en utilisant des LMIs. La stabilité des multimodèles utilise des approches de commande telles que l'approche Lyapunov (fonctions de Lyapunov quadratique ou non), l'approche géométrique, le critère de Popov (ou critère du cercle), la transformation en un problème de type Lur'e, l'utilisation des propriétés des *M*-matrices, etc.

L'étude de la stabilité des modèles T-S s'effectue principalement en utilisant la méthode directe de Lyapunov. Cette méthode implique le choix d'une fonction candidate de Lyapunov. Dans toute la suite, sans perte de généralité, on suppose que le point d'équilibre est l'origine. Le choix de cette fonction est le premier élément dans l'étude de la stabilité qui introduit du conservatisme.

Définition de la fonction candidate de Lyapunov

Une fonction candidate de Lyapunov **V** est une fonction scalaire définie positive satisfaisant :

$$\|x\| \to \infty \Rightarrow V(x) \to \infty \tag{2.46}$$

Avec :

$$\alpha(\|x\|) \leq V(x) \leq \beta(\|x\|) \tag{2.47}$$

où $\boldsymbol{\alpha} \in C^1$ et $\boldsymbol{\beta} \in C^1$ sont des fonctions définies positives.

a) Stabilité quadratique

La fonction candidate de Lyapunov la plus couramment utilisée est dite quadratique. Elle est définie par :

$$V(x(t)) = x^T(t)Px(t) \quad P = P^T > 0. \tag{2.48}$$

Si on étudie la stabilité avec ce type de fonction de Lyapunov, on parlera de stabilité quadratique. Il s'agit de chercher une matrice symétrique et définie positive **P** et sa fonction de Lyapunov associée telles que certaines conditions simples garantissent les propriétés de stabilité. L'inconvénient de cette technique est qu'elle conduit à des conditions de stabilité souvent conservatives.

Considérons un système non linéaire en boucle ouverte et représenté sous forme multimodèle par l'équation d'état suivante :

$$\dot{x}(t) = \sum_{i=1}^{M} \mu_i(z(t)) A_i x(t) \tag{2.49}$$

$$\sum_{i=1}^{M} \mu_i(z(t)) = 1 \text{ et } \quad \mu_i(z(t)) \geq 1 \tag{2.50}$$

La stabilité des multimodèles T-S dépend des valeurs propres des matrices A_i mais également des valeurs des fonctions d'activation (ou de pondération) $\mu_i(z(t))$.

La stabilité d'un multimodèle T-S est assurée si les conditions, sous la forme d'un ensemble de LMI, des théorèmes suivants sont satisfaites.

Théorème 2.1 : *Le multimodèle T-S à temps continu est asymptotiquement stable s'il existe une matrice symétrique et définie positive **P** telle que les LMIs suivantes soient vérifiées :*

$$A_i^T P + P A_i < 0, \; i = 1, \ldots, M. \tag{2.51}$$

Ce théorème n'offre qu'une condition suffisante pour assurer la stabilité asymptotique du multimodèle car aucune caractéristique des fonctions μ_i n'est prise en compte. En effet, on suppose, en utilisant cette relaxation, que $\left(\mu_1(z(t)), \ldots, \mu_M(z(t))\right) \in [0 \quad 1]^M$, or il est tout à fait possible que certains M-uples soient inatteignables. Ceci constitue une autre source de conservatisme. L'inégalité matricielle peut être résolue en utilisant des outils numériques LMIs. Ce résultat est obtenu en dérivant, le long de la trajectoire du multimodèle, la fonction de Lyapunov quadratique. L'existence de la matrice de Lyapunov P dépend de deux conditions :

- la première est liée à la stabilité de tous les modèles locaux. Il est nécessaire que chaque matrice A_i pour $i \in \{1, \ldots, M\}$ ait des valeurs propres dans le demi-plan gauche du plan complexe,
- la deuxième condition est relative à l'existence d'une fonction de Lyapunov commune aux M modèles locaux.

D'après ce théorème 2.1, la stabilité du multimodèle est liée, d'une part, à la stabilité de tous les sous-modèles et, d'autre part, à l'existence d'une matrice de Lyapunov P commune à tous les sous-modèles. Remarquons que la première condition n'implique en aucun cas la seconde. La recherche analytique de la matrice P satisfaisant ces conditions soulève un problème dont la résolution s'avère difficile et ce, même dans les cas à faible dimension. Il existe toutefois des algorithmes d'optimisation convexe efficaces en mesure de résoudre numériquement ce type de problème. Il convient cependant de souligner que les conditions du théorème ne sont que suffisantes. Une recherche infructueuse de la matrice P n'implique pas l'instabilité du multimodèle.

En effet, de nombreux exemples montrent qu'un multimodèle T-S peut être stable alors qu'il comporte des sous-modèles instables et vice versa. La stabilité du multimodèle est alors établie à la condition de trouver une solution aux LMIs. Dans le cas contraire, aucune conclusion ne peut être avancée.

De nouvelles fonctions de Lyapunov, ayant pour objet la réduction de ces sources de conservatisme, ont ainsi été proposées dans la littérature. Une approche récente, visant à obtenir des conditions moins conservatives, considère une décroissance non uniforme de la fonction de Lyapunov.

Théorème 2.2 : *Un multimodèle T-S est globalement asymptotiquement stable et converge vers 0 s'il existe une fonction candidate de Lyapunov **V** telle que :*

$$lim_{t\to\infty} V(x(t)) = 0, \forall x(0) \in R^n \qquad (2.52)$$

Remarque :

Dans toute la suite, pour simplifier les notations pour toute matrice X, quand on écrit $X > 0$ ($X < 0$), on suppose que X est symétrique, c'est-à-dire $X = X^T$. Enfin, la notation matricielle $X > Y$ correspond à $X - Y > 0$, c'est-à-dire la matrice $X - Y$ est définie positive.

En considérant le modèle T-S continu en régime libre défini en (2.49) et (2.50), la stabilité quadratique s'étudie en calculant la dérivée de la fonction de Lyapunov quadratique :

$$\frac{d}{dt}V(x(t)) = \frac{d}{dt}(x^T(t)Px(t)) = \dot{x}^T(t)Px(t) + x^T(t)P\dot{x}(t) \qquad (2.53)$$

Ou encore :

$$\frac{d}{dt}V(x(t)) = \left(\sum_{i=1}^{M}\mu_i(z(t))A_i x(t)\right)^T Px(t) + x^T(t)P\left(\sum_{i=1}^{M}\mu_i(z(t))A_i x(t)\right),$$
(2.54)

En utilisant les notations définies précédemment, on obtient :

$$\frac{d}{dt}V(x(t)) = x^T(t)(A_z^T P + PA_z)x(t) \qquad (2.55)$$

b) Stabilité relaxée

Dans le paragraphe précédent, l'existence d'une matrice, symétrique et définie positive P, commune pour toutes les inégalités est indispensable pour assurer la stabilité asymptotique du multimodèle. Cependant, si le nombre de modèles locaux est grand, il peut être difficile de trouver une matrice commune qui garantit la stabilité simultanée de tous les modèles locaux. De plus, ces contraintes sont souvent très conservatrices et il est bien connu que, dans beaucoup de cas, une matrice symétrique et définie positive commune n'existe pas, alors que le système est stable. Pour surmonter ce problème, de nombreux travaux ont été développés afin d'établir des conditions de stabilité relaxant certaines des contraintes précédentes comme l'utilisation d'une fonction de Lyapunov quadratique par morceaux, des conditions de stabilité asymptotique dépendantes de la nature de l'entrée et de la dynamique de la sortie, de la technique de Lyapunov et la formulation LMI, d'autres conditions de stabilité en utilisant des fonctions de Lyapunov non quadratiques de la forme :

$$V_i(x(t)) = x^T(t)P_i x(t), i \in \{1, ..., M\} \quad (2.56)$$

$$V(x(t)) = max\left(V_1(x(t)), ..., V_i(x(t)), ..., V_M(x(t))\right) \quad (2.57)$$

Où P_i sont des matrices symétriques et définies positives, ou polyquadratiques, de la forme :

$$V(x(t)) = x^T(t) \sum_{i=1}^{M} \mu_i(z(t)) P_i x(t) \quad (2.58)$$

Théorème 2.3 : *Supposons qu'il existe des matrices symétriques et définies positives P_i pour $i \in \{1, ..., M\}$ et des scalaires positifs τ_{ijk}, vérifiant les inégalités suivantes :*

$$A_i^T P_j + P_j A_i + \sum_{k=1}^{M} \tau_{ijk}(P_j - P_k) < 0 \,; \quad \forall i,j \in \{1, ..., M\} \quad (2.59)$$

alors, le multimodèle est globalement asymptotiquement stable.

Ce résultat n'exige pas l'existence d'une fonction de Lyapunov quadratique commune aux différents modèles locaux et ne s'appuie que sur les fonctions locales de Lyapunov pour assurer la stabilité asymptotique globale du multimodèle.

c) Stabilité des multimodèles incertains

Dans les paragraphes précédents, nous avons rappelé quelques conditions de stabilité concernant les systèmes non linéaires certains représentés sous forme multimodèle. Or, lorsque ces derniers sont soumis à l'influence de perturbations ou bien d'incertitudes de modèle, les conditions de stabilité trouvées ne sont plus valables. Pour cela, considérons le multimodèle suivant, présentant des incertitudes sur les matrices d'état locales.

$$\dot{x}(t) = \sum_{i=1}^{M} \mu_i(z(t))\left(A_i + \Delta A_i(t)\right) x(t) \quad (2.60)$$

Où les matrices $\Delta A_i(t)$ sont des matrices inconnues et variables dans le temps, la seule information dont nous disposons est la suivante :

$\|\Delta A_i(t)\| \leq \delta_i ; \quad \forall i \in \{1, \ldots, M\}$ (2.61)

Où δ_i est un scalaire positif.

Théorème 2.4 : *Le multimodèle incertain est globalement asymptotiquement stable, s'il existe une matrice symétrique et définie positive P et un scalaire positif β solutions des inégalités matricielles suivantes :*

$A_i^T P + P A_i + \beta P^2 + \beta^{-1} \delta_i^2 I_{n \times n} < 0; \beta > 0 ; \forall i \in \{1, \ldots, M\}$ (2.62)

II.2.3.2. Stabilisation d'un multimodèle

La loi de commande en multimodèles utilise des techniques de synthèse basées sur le retour d'état. On distingue :
- la stabilisation par retour d'état (stabilisation par retour d'état reconstruit, stabilisation robuste par retour d'état),
- la stabilisation par retour de sortie (stabilisation par retour de sortie statique, stabilisation robuste par retour de sortie statique),
- la stabilisation robuste des multimodèles incertains et,
- la stabilisation par un multicontrôleur H_1 basé sur observateur.

Il existe les lois de commande :
- Parallel Distributed Compensation ou PDC ou compensation parallèle distribuée [WAN96] : régulateur par retour d'état relatif à chaque modèle local LTI, qui comprend les PPDC (proportional PDC) et les PDC augmentés du terme :

$\sum_{i=1}^{M} \frac{\partial \mu_i(z(t))}{\partial t} F_i x(t).$ (2.63)

Mais aussi d'autres lois de commande basées sur le retour d'état comme le DPDC et l'OPDC.

La loi de commande PDC correspond à un retour d'état linéaire qui prend en compte les mêmes fonctions positives $\mu_i(z(t))$ que celles du multimodèle. Elle est donnée par :

$$u(t) = -\sum_{i=1}^{M} \mu_i(z(t)) F_i x(t) \qquad (2.64)$$

Si $F_i = F$, $\forall i \in \{1, \dots, M\}$, on retrouve une loi linéaire.

- CDF pour les systèmes SiMo et MiMo.

La commande multicontrôleur a été aussi largement étudiée.

Loi de commande PDC

A partir de la disponibilité d'un modèle flou, celui-ci peut être utilisé pour la synthèse d'un contrôleur de deux manières. En premier lieu, n'importe quelle technique (non linéaire) *basée sur un modèle* peut être appliquée. Parmi les techniques les plus fréquemment utilisées dans cette approche, on trouve la linéarisation entrée-sortie et par rétroaction, la commande prédictive et les techniques basées sur l'inversion du modèle. Deuxièmement, le contrôleur lui-même peut être un système flou dont la structure correspond à la structure du modèle flou du procédé. Cette idée, appelée dans le cas de systèmes flous de type T-S « compensation parallèle distribuée », de l'anglais Parallel Distributed Compensation (PDC), est très fructueuse.

L'idée est de construire un régulateur par retour d'état relatif à chaque modèle local LTI. De façon similaire à la technique utilisée pour interpoler les modèles locaux, la loi de commande globale est obtenue par interpolation des lois de commande linéaires locales. La philosophie de la commande PDC consiste à calculer une loi de commande linéaire par retour d'état, pour chaque sous-modèle du modèle flou. La détermination d'une loi de commande revient à déterminer pour chaque modèle local des gains matriciels, par exemple en utilisant une synthèse sous la forme de LMI ou par minimisation d'un critère quadratique.

Dans l'approche du type PDC, l'objectif de la modélisation consistera plutôt à trouver un compromis entre la complexité du modèle et sa performance numérique au niveau de la représentation du système dynamique. En effet, la complexité du contrôleur est directement associée à celle du modèle flou étudié.

La commande de type PDC a pour but d'intégrer dans une seule loi de commande globale les lois de commande individuelles issues de l'approche multimodèle. La partie « antécédent » des règles reste la même que pour le modèle flou T-S tandis que la partie « conséquent » est remplacée par une loi de commande par retour d'état. Dans ce contexte, chaque sous- modèle du modèle flou de type T-S est stabilisé localement par une loi linéaire. La loi de commande globale, qui en général est non linéaire, est une fusion floue des lois de commande linéaires. Pour l'application de la commande de type PDC, il est nécessaire que tous les sous-modèles linéaires soient stabilisables. Dans toute la suite, on suppose que les sous- modèles sont commandables et observables (l'observabilité étant la capacité de reconstruire l'état à partir des mesures).

Soit le multimodèle T-S continu suivant :

$$\begin{cases} \dot{x}(t) = \sum_{i=1}^{M} \mu_i(z(t))(A_i x(t) + B_i u(t)) \\ y(t) = \sum_{i=1}^{M} \mu_i(z(t))(C_i x(t)) \end{cases} \quad (2.65)$$

En appliquant la loi de commande au modèle, la boucle fermée dans le cas continu prend la forme suivante :

$$\begin{cases} \dot{x}(t) = (A_z - B_z F_z) x(t) \\ y(t) = C_z x(t) \end{cases} \quad (2.66)$$

Ou, de façon plus explicite :

$$\dot{x}(t) = \sum_{j=1}^{M} \sum_{i=1}^{M} \mu_i(z(t)) \mu_j(z(t)) (A_i - B_i F_j) x(t)$$
(2.67)

Les conditions de stabilité du système en boucle fermée reviennent à chercher les gains de commande F_j tels que la dérivée de la fonction candidate quadratique de Lyapunov soit négative. Stabiliser le modèle revient à résoudre le problème suivant :

Trouver une matrice P définie positive et des matrices F_i, $i \in \{1, ..., M\}$ telles que :

$$(A_z - B_z F_z)^T P + P(A_z - B_z F_z) < 0 \quad (2.68)$$

On remarque que l'inégalité n'est pas linéaire en les variables P et F_i. En utilisant la propriété de congruence avec la matrice symétrique de rang plein $X = P^{-1}$, on obtient :

$$X A_z^T + A_z X - X F_z^T B_z^T - B_z F_z X < 0 \quad (2.69)$$

En effectuant le changement de variable bijectif $M_i = F_i X$, $i \in \{1, ..., M\}$, le problème devient LMI en les variables X et M_i. On définit les quantités suivantes :

$$\gamma_{ij} = XA_i^T - M_j^T B_i^T + A_i X - B_i M_j \tag{2.70}$$

On se retrouve donc avec les quantités $\sum_{i=1}^{M}\sum_{j=1}^{M} \mu_i(z(t))\mu_j(z(t))\gamma_{ij}$ et tous les résultats peuvent en être déduits.

Théorème 2.5 [WAN95] : *Soient un modèle T-S continu, la loi de commande PDC et les γ_{ij}, s'il existe une matrice X définie positive et des matrices M_i, $i \in \{1, ..., M\}$, telles que les conditions ci-avant soient vérifiées, alors la boucle fermée est globalement asymptotiquement stable. De plus, si le problème a une solution, les gains de la PDC sont donnés par :*

$$F_i = M_i X^{-1}. \tag{2.71}$$

et la commande PDC par :

$$u(t) = -\sum_{i=1}^{M} \mu_i(z(t)) F_i x(t) \tag{2.72}$$

Les conditions de stabilité sont assez conservatives car elles demandent la stabilité de tous les modèles (dominants et croisés). Le théorème suivant permet de réduire ce conservatisme en tenant compte des interactions entre les modèles locaux voisins (caractérisés par le nombre M de modèles locaux actifs à chaque instant). Les conditions obtenues n'imposent que la stabilité des modèles dominants.

La dérivée de la fonction le long des trajectoires du multimodèle s'écrit :

$$\dot{V}(t) = \sum_{i=1}^{M}\sum_{j=1}^{M} \mu_i(z(t))\mu_j(z(t)) x(t)^T \left((A_i - B_i F_j)^T P + P(A_i - B_i F_j) \right) x(t) < 0 \tag{2.73}$$

En posant :

$$G_{ij} = A_i - B_i F_j, \tag{2.74}$$

les conditions suffisantes suivantes sont énoncées.

Théorème 2.6 : *Le multimodèle en boucle fermée est asymptotiquement stable s'il existe une matrice symétrique $P > 0$ et des matrices Q_{ij} avec $Q_{ij} = Q_{ij}^T$ vérifiant les inégalités suivantes :*

$$G_{ii}^T P + P G_{ii} + Q_{ii} < 0 \; ; \; i = \{1, \ldots, M\} \tag{2.75}$$

$$\left(\frac{G_{ij}+G_{ji}}{2}\right)^T P + P \left(\frac{G_{ij}+G_{ji}}{2}\right) + Q_{ij} + Q_{ij}^T \leq 0 \; ; i < j \tag{2.76}$$

$$\begin{pmatrix} Q_{11} & \cdots & Q_{1M} \\ \cdots & \cdots & \cdots \\ Q_{M1} & \cdots & Q_{MM} \end{pmatrix} > 0 \tag{2.77}$$

pour tout $i, j = 1, \ldots, M$, exceptées les paires (i, j) telles que :

$$\mu_i(z(t))\mu_j(z(t)) = 0. \tag{2.78}$$

La détermination des gains $F_j, j = \{1, \ldots, M\}$ de la loi de commande PDC passe alors par la transformation des conditions du théorème 2.6 en un problème équivalent prenant la forme de LMI pouvant être résolues par les outils numériques existants. Cette transformation correspond à de simples changements de variables bijectifs $X = P^{-1}$ et $F_i = M_i P^{-1}$ en multipliant à droite par la matrice X et à gauche par sa transposée (congruence) les inégalités précédentes. On obtient les expressions LMI suivantes en fonction des variables X, M_i et S_{ij} :

$$A_i X + X A_i - B_i M_i - M_i^T B_i^T + S_{ii} < 0 \tag{2.79}$$

$$A_i X + X A_i + A_j X + X A_j - B_i M_j - M_j^T B_i^T - B_j M_i - M_i^T B_j^T + S_{ij} + S_{ij}^T < 0 \; ;$$
$$i < j \tag{2.80}$$

$$\begin{pmatrix} Q_{11} & \cdots & Q_{1M} \\ \cdots & \cdots & \cdots \\ Q_{M1} & \cdots & Q_{MM} \end{pmatrix} > 0 \tag{2.81}$$

Notons que le nombre de conditions à vérifier est $\frac{M(M+1)}{2}$, et que ce nombre croit en fonction du nombre de règles M. Il est alors clair que le nombre de modèles locaux est un des facteurs importants du conservatisme des résultats issus des conditions du théorème 2.6.

Le fait d'utiliser la condition, avec $i < j$, permet de réduire un peu la conservativité des résultats puisqu'il n'est pas obligatoire d'avoir tous les sous-modèles croisés $G_{ij} = (A_i - B_i F_j)$ stables.

L'obtention du régulateur flou PDC consiste donc à déterminer les matrices de gains de retour d'état $F_j, j = \{1, ..., M\}$ satisfaisant les conditions du théorème pour une matrice P définie positive.

Pour calculer les matrices de retour d'état, il est possible d'utiliser une synthèse quadratique et vérifier ensuite qu'il existe une matrice $P > 0$ commune. Il est également possible d'utiliser un placement de pôles pour assurer que les valeurs propres de $G_{ij} = (A_i - B_i F_j)$ avec $i \in \{1, ..., M\}$ tombent dans un domaine pré-spécifié. On peut, alors, raisonnablement penser que si les pôles sont proches pour les modèles bouclés $G_{ij} = (A_i - B_i F_j)$, il y a de fortes chances que les équations soient également vérifiées. Néanmoins, des exemples où les paires (A_i, B_i) n'ont pas la même forme montrent que ce résultat n'est pas garanti.

Une autre façon de déterminer la matrice P et les gains de commande $F_j, j = \{1, ..., M\}$ simultanément est l'utilisation des outils issus de l'optimisation convexe, et plus particulièrement des LMIs. Certains outils LMIs sont utilisables à l'aide du logiciel MATLAB et de la boite à outils LMI Control Toolbox.

Dans le cas particulier où les multimodèles vérifient la propriété de colinéarité positive des matrices d'entrée ($\exists \alpha_i > 0 : B_i = \alpha_i B, \forall i \in I_n$), le multimodèle en boucle fermée s'écrit sans termes croisés :

$$\dot{x}(t) = \sum_{i=1}^{M} \mu_i(z(t))(A_i - B_i F_i)x(t) \qquad (2.82)$$

Les conditions de stabilité obtenues aux théorèmes 2.5 et 2.6 sont réduites à la stabilité des modèles dominants :

$$P > 0, \qquad (A_i - B_i K_i)P + P(A_i - B_i K_i) < 0, \quad i \in I_n \qquad (2.83)$$

La loi de commande aboutit, elle aussi, à des conditions similaires (il suffit de substituer B_i par B). Remarquons que si les paires (A_i, B_i), $i \in I_n$ sont commandables, alors il existe des gains de retour d'état F_i permettant de placer les valeurs propres des modèles locaux dominants $(A_i - B_i F_i)$ au même endroit. Dans ce cas, il est probable qu'une matrice commune à tous les modèles dominants existe.

Remarque :

On s'aperçoit facilement que la loi de commande PDC fait intervenir des termes croisés (le terme $(A_i - B_i F_j)$ est dit croisé quand $i \neq j$ et dominant quand $i = j$) : le modèle local (A_i, B_i) avec le gain de retour linéaire F_j.

Pour résoudre cette difficulté, un retour d'état linéaire est utilisé où les fonctions d'activation sont omises : $u(t) = Fx(t)$. Cependant, la méthode s'avère très pessimiste car il est facile de trouver des exemples où il n'existe pas de loi de commande linéaire stabilisante alors qu'une loi de commande PDC existe. Ce constat est justifié par le fait que la variable commune F doit stabiliser M modèles locaux alors que, dans le cas de la commande PDC, on tient compte du taux de recouvrement à travers les fonctions d'activation.

II.3. APPLICATION AU SYSTEME SMIB ET COMPARAISON AVEC PID

II.3.1. Mise sous forme multimodèle du SMIB

Comme on a vu dans le chapitre I, un réseau SMIB est constitué d'une machine synchrone qui alimente un réseau infini au travers de lignes et d'un transformateur (voir la figure 9 ci-dessous), et il peut être modélisé par les équations suivantes (voir paragraphe I.3.2.2., formule 1.31) :

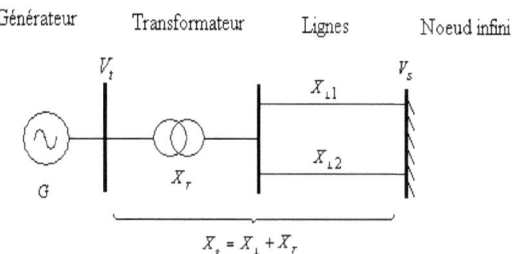

Fig. 9: Modèle d'une machine connectée à un nœud infini

$$\begin{cases} \dot{\delta}(t) = \omega(t) \\ \dot{\omega}(t) = -\frac{D}{H}\omega(t) - \frac{\omega_0}{2H}\frac{1}{x_{ds}}V_s \sin\delta(t) E_q(t) + \frac{\omega_0}{2H}P_{m0} \\ \dot{E}_q(t) = \frac{x_d - x'_d}{x'_{ds}}V_s \sin\delta(t)\omega(t) - \frac{1}{T'_{d0}}\frac{x_{ds}}{x'_{ds}}E_q(t) + \frac{x_{ds}}{x'_{ds}}\frac{k_c}{T'_{d0}}u_f(t) \end{cases},$$

avec les sorties d'intérêts suivantes (tension et puissance) :

$$V_t^2(t) = \frac{x_s^2}{x_{ds}^2}\left[E_q^2(t) + V_s^2 + \frac{2x_d}{x_s}V_s \cos\delta(t) E_q(t)\right]$$

$$P_e(t) = \frac{1}{x_{ds}}V_s \sin\delta(t) E_q(t) \tag{2.84}$$

Notons que l'on utilise ici le modèle (δ, ω, E_q), qui est valable pour des perturbations modérées et dont on va voir qu'il se prête bien à l'application de l'approche multimodèle, au lieu du modèle plus communément considéré en (δ, ω, E'_q).

Les entrées connues du système sont les signaux de commande, les entrées inconnues sont les perturbations, le bruit de mesure, les erreurs ou incertitudes de modélisation, les défauts, etc. Dans le modèle (1.31), la variable d'entrée de commande u est la tension d'excitation $u_f(t)$ du générateur ; les variables d'état x du réseau sont l'angle de puissance δ, la vitesse relative de rotation électrique ω et la tension interne en quadrature E_q du générateur.

Conditions initiales : $x_0 = [\delta_0 \quad \omega_0 \quad E_{q0}]^T$

Dans le cadre de ce travail, nous allons considérer la puissance mécanique P_{m0} constante, et les variables d'état utilisables pour la commande (l'extension avec observateur en cas contraire étant facilement envisageable). Enfin, tous les autres paramètres du modèle représentent les caractéristiques électriques du réseau [KUN93] et sont supposés connus et constants en fonctionnement normal.

Comme la finalité de l'étude est la commande, nous allons considérer un multimodèle à état couplé (modèle T-S) que l'on obtiendra par transformation par secteurs non linéaires à partir du modèle non linéaire du système. C'est faisable car le modèle analytique du système est disponible.

Remarquons tout d'abord que le modèle (1.31) présenté peut être réécrit comme suit :

$$\begin{pmatrix} \dot{\delta}(t) \\ \dot{\omega}(t) \\ \dot{E}_q(t) \end{pmatrix} = \begin{pmatrix} 0 & 1 & 0 \\ 0 & -\dfrac{D}{H} & -\dfrac{\omega_0}{2H}\dfrac{1}{x_{ds}}V_s\sin\delta(t) \\ 0 & \dfrac{x_d-x'_d}{x'_{ds}}V_s\sin\delta(t) & -\dfrac{1}{T'_{d0}}\dfrac{x_{ds}}{x'_{ds}} \end{pmatrix} \begin{pmatrix} \delta(t) \\ \omega(t) \\ E_q(t) \end{pmatrix} + \begin{pmatrix} 0 \\ 0 \\ \dfrac{x_{ds}}{x'_{ds}}\dfrac{k_c}{T'_{d0}} \end{pmatrix} u + $$
$$\begin{pmatrix} 0 \\ \dfrac{\omega_0}{2H}P_{m0} \\ 0 \end{pmatrix} \tag{2.85}$$

ou encore :

$$\begin{pmatrix} \dot{\delta}(t) \\ \dot{\omega}(t) \\ \dot{E}_q(t) \end{pmatrix} = A_0 \begin{pmatrix} \delta(t) \\ \omega(t) \\ E_q(t) \end{pmatrix} + \sin\delta(t)A_s \begin{pmatrix} \delta(t) \\ \omega(t) \\ E_q(t) \end{pmatrix} + \begin{pmatrix} 0 \\ 0 \\ \dfrac{x_{ds}}{x'_{ds}}\dfrac{k_c}{T'_{d0}} \end{pmatrix} u + \begin{pmatrix} 0 \\ \dfrac{\omega_0}{2H}P_{m0} \\ 0 \end{pmatrix} \tag{2.86}$$

Avec :

$$A_0 = \begin{pmatrix} 0 & 1 & 0 \\ 0 & -\dfrac{D}{H} & 0 \\ 0 & 0 & -\dfrac{1}{T'_{d0}}\dfrac{x_{ds}}{x'_{ds}} \end{pmatrix} \tag{2.87}$$

$$A_s = \begin{pmatrix} 0 & 0 & 0 \\ 0 & 0 & -\dfrac{\omega_0}{2H}\dfrac{1}{x_{ds}}V_s \\ 0 & \dfrac{x_d-x'_d}{x'_{ds}}V_s & 0 \end{pmatrix} \tag{2.88}$$

Le sinus variant entre +1 et -1, on pourrait simplement considérer deux modèles définis respectivement par deux matrices :

$$A_{10} = A_0 - A_s = \begin{pmatrix} 0 & 1 & 0 \\ 0 & -\dfrac{D}{H} & 0 \\ 0 & 0 & -\dfrac{1}{T'_{d0}}\dfrac{x_{ds}}{x'_{ds}} \end{pmatrix} - \begin{pmatrix} 0 & 0 & 0 \\ 0 & 0 & -\dfrac{\omega_0}{2H}\dfrac{1}{x_{ds}}V_s \\ 0 & \dfrac{x_d-x'_d}{x'_{ds}}V_s & 0 \end{pmatrix} =$$

$$\begin{pmatrix} 0 & 1 & 0 \\ 0 & -\dfrac{D}{H} & \dfrac{\omega_0}{2H}\dfrac{1}{x_{ds}}V_s \\ 0 & -\dfrac{x_d-x'_d}{x'_{ds}}V_s & -\dfrac{1}{T'_{d0}}\dfrac{x_{ds}}{x'_{ds}} \end{pmatrix} \tag{2.89}$$

et $A_{20} = A_0 + A_s = \begin{pmatrix} 0 & 1 & 0 \\ 0 & -\frac{D}{H} & 0 \\ 0 & 0 & -\frac{1}{T'_{do}}\frac{x_{ds}}{x'_{ds}} \end{pmatrix} + \begin{pmatrix} 0 & 0 & 0 \\ 0 & 0 & -\frac{\omega_0}{2H}\frac{1}{x_{ds}}V_s \\ 0 & \frac{x_d - x'_d}{x'_{ds}}V_s & 0 \end{pmatrix} =$

$\begin{pmatrix} 0 & 1 & 0 \\ 0 & -\frac{D}{H} & -\frac{\omega_0}{2H}\frac{1}{x_{ds}}V_s \\ 0 & \frac{x_d - x'_d}{x'_{ds}}V_s & -\frac{1}{T'_{do}}\frac{x_{ds}}{x'_{ds}} \end{pmatrix}.$ \hfill (2.90)

avec les fonctions $\mu_{i0}(z(t))$ suivantes :

$\mu_{10}(z(t)) = \frac{1}{2}(1 - sinx_1(t))$ \hfill (2.91)

$\mu_{20}(z(t)) = \frac{1}{2}(1 + sinx_1(t))$ \hfill (2.92)

Le système initial peut donc être représenté comme suit :

$\dot{x}(t) = Ax(t) + Bu(t) + K.$

Avec les deux sous-modèles :

$\dot{x}(t) = A_{10}x(t) + Bu(t) + K,$

$\dot{x}(t) = A_{20}x(t) + Bu(t) + K.$

D'où le système initial représenté par multimodèle :

$\dot{x}(t) = \sum_{i=1}^{2} \mu_{i0}(A_{i0}x(t) + Bu(t) + K).$

On obtient alors un modèle sous la forme :

$\dot{x}(t) = \mu_{10}(z(t))A_{10}x(t) + \mu_{20}(z(t))A_{20}x(t) + Bu(t) + K$ \hfill (2.93)

où les matrices B et K découlent directement de (2.85).

$\begin{pmatrix} \dot{\delta}(t) \\ \dot{\omega}(t) \\ \dot{E}_q(t) \end{pmatrix} = \frac{1}{2}(1 - sinx_1(t)) * \begin{pmatrix} 0 & 1 & 0 \\ 0 & -\frac{D}{H} & \frac{\omega_0}{2H}\frac{1}{x_{ds}}V_s \\ 0 & -\frac{x_d - x'_d}{x'_{ds}}V_s & -\frac{1}{T'_{do}}\frac{x_{ds}}{x'_{ds}} \end{pmatrix} \begin{pmatrix} \delta(t) \\ \omega(t) \\ E_q(t) \end{pmatrix} +$

$\frac{1}{2}(1 + sinx_1(t)) \begin{pmatrix} 0 & 1 & 0 \\ 0 & -\frac{D}{H} & -\frac{\omega_0}{2H}\frac{1}{x_{ds}}V_s \\ 0 & \frac{x_d - x'_d}{x'_{ds}}V_s & -\frac{1}{T'_{do}}\frac{x_{ds}}{x'_{ds}} \end{pmatrix} \begin{pmatrix} \delta(t) \\ \omega(t) \\ E_q(t) \end{pmatrix} + \begin{pmatrix} 0 \\ 0 \\ \frac{x_{ds}}{x'_{ds}}\frac{k_c}{T'_{do}} \end{pmatrix} u(t) +$

$\begin{pmatrix} 0 \\ \frac{\omega_0}{2H}P_{m0} \\ 0 \end{pmatrix}$ \hfill (2.94)

II.3.2. Synthèse de commande PDC vs PID

Le multimodèle obtenu peut permettre une synthèse de commande de type PDC comme vu précédemment (Cf. Lemme 2.1 et Théorème 2.5). En vu de comparaison avec des approches plus standard, une commande par PID est également proposée ici. La comparaison sera effectuée sur la base des paramètres du modèle issus du cas d'étude de [ROO01], et résumés ci-après :

$f_0 = 50Hz$; $\omega_0 = 314.159 rad/s$; $D = 5pu$; $H = 4pusec$; $T'_{d0} = 8sec$; $k_c = 200pu$; $x_d = 1.81pu$; $x'_d = 0.3pu$; $x_T = 0.15pu$; $x_{L1} = 0.5pu$; $x_{L2} = 0.93pu$; $x_{ds} = x_T + x_d + \frac{x_{L1}x_{L2}}{x_{L1}+x_{L2}} = 2.28518$; $x'_{ds} = x_T + x'_d + \frac{x_{L1}x_{L2}}{x_{L1}+x_{L2}} = 0.77518$; $x_s = x_T + \frac{x_{L1}x_{L2}}{x_{L1}+x_{L2}} = 0.47518$; $max|k_c u_f(t)| = 7pu$. $\delta_0 = 67.5°$ ($\delta_0 = 1.18 rad$) ; $P_{m0} = 0.9pu$; $V_{t0} = 1.0pu$

II.3.2.1. Commande PID

La commande PID n'est pas la plus performante des commandes mais c'est la plus répandue. **P**, **I** et **D** sont les initiales de Proportionnel, Intégral, Dérivé. **P** dépend de l'erreur présente à annuler $e(t)$, **I** de l'accumulation des erreurs du passé et **D** est une prédiction des erreurs à l'avenir, fondée sur le taux actuel de changement.

$$\boldsymbol{P} : P = \frac{100}{gain} = \frac{100}{K_p} \; ; u(t) = K_p e(t) = \frac{100}{P} e(t) \quad (2.95)$$

$$\boldsymbol{I} : I = \frac{1}{reset} = \frac{1}{K_i} = \frac{repeats}{time} \; ; u(t) = K_i \int_0^t e(\tau)d\tau = \frac{1}{I} \int_0^t e(\tau)d\tau \quad (2.96)$$

$$\boldsymbol{D} : D = rate = K_d \; ; u(t) = K_d \frac{de(t)}{dt}. \quad (2.97)$$

En général, une large valeur du gain proportionnel $\boldsymbol{K_p}$ génère une réponse rapide mais aussi un risque d'instabilité et d'oscillation du système. Une large valeur de $\boldsymbol{K_i}$ entraine une élimination rapide de l'erreur. Tandis qu'une large valeur de $\boldsymbol{K_d}$ diminue le dépassement mais présente un risque d'instabilité et la réponse transitoire va tomber.

On peut considérer deux approches selon qu'on travaille avec l'angle de puissance $\delta(t)$ ou la vitesse relative de rotation électrique $\omega(t)$ du générateur :

$e(t) = \delta(t) - \delta_m(t)$ ou $e(t) = \omega(t) - \omega_0(t)$. (2.98)

$u(t) = K_p e(t) + K_i \int_0^t e(\tau) d\tau + K_d \frac{de(t)}{dt}$. (2.99)

$u(t) = K_p \left(e(t) + \frac{1}{T_i} \int_0^t e(\tau) d\tau + T_d \frac{de(t)}{dt} \right)$. (2.100)

Avec :

$K_i = \frac{K_p}{T_i}, T_i$: temps d'intégration, (2.101)

$K_d = K_p T_d, T_d$: temps de dérivation. (2.102)

Loi de commande PID relative à l'angle de puissance (première approche)

$\frac{du(t)}{dt} = K_p \frac{de(t)}{dt} + K_i e(t) + K_d \frac{d^2 e(t)}{dt^2}$, (2.103)

$\frac{du(t)}{dt} = K_p \frac{d\delta(t)}{dt} + K_i (\delta(t) - \delta_0) + K_d \frac{d}{dt}\left(\frac{d\delta(t)}{dt}\right)$, (2.104)

$\frac{du(t)}{dt} = K_p \omega(t) + K_i (\delta(t) - \delta_0) + K_d \frac{d\omega(t)}{dt}$. (2.105)

Nous avons procédé à un réglage manuel comme suit :

Si le système doit rester en ligne, une méthode de réglage est d'abord de définir des valeurs de K_i et K_d à zéro. Augmenter K_p jusqu'à ce que la sortie de la boucle oscille, puis K_p devrait être réglé à environ la moitié de cette valeur pour un quart de la décroissance d'amplitude du type de la réponse.

Puis augmentez K_i jusqu'à ce que tout décalage soit correct en temps utile pour le processus. Cependant, une valeur de K_i trop élevée sera source d'instabilité.

Enfin, l'augmentation de K_d, si nécessaire, jusqu'à ce que la boucle soit suffisamment rapide pour atteindre sa référence après une perturbation de charge. Cependant, une valeur de K_d trop élevée va provoquer une réaction excessive et dépassement.

Une mise au point de la boucle rapide PID crée en général un léger dépassement pour atteindre le point de consigne plus rapidement, mais certains systèmes ne peuvent pas accepter le dépassement, dans ce cas, un sur-amortissement du système en boucle fermée est nécessaire, ce qui nécessitera un K_d mis au dessous de la moitié de la valeur de K_p qui a causé l'oscillation.

Tableau 2: Réglage des paramètres du régulateur PID par la méthode de Ziegler-Nichols en boucle ouverte [ZIE42, ZHO06, MUD...]

Type de commande	K_p	K_i	K_d
P	$0,5 K_u$		
PI	$0,45 K_u$	$1,2 K_p / P_u$	
PID	$0,6 K_u$	$2 K_p / P_u$	$K_p . P_u / 8$

Loi de commande PID relative à la vitesse de rotation (seconde approche)

$$u(t) = K_p(\omega(t) - \omega_0) + K_i \int_0^t (\omega(\tau) - \omega_0) d\tau + K_d \frac{d(\omega(t) - \omega_0)}{dt}. \quad (2.106)$$

$$u(t) = K_p(\omega(t) - \omega_0) + K_i \int_0^t (\omega(\tau) - \omega_0) d\tau + K_d \frac{d(\omega(t))}{dt} - K_d \frac{d(\omega_0)}{dt}, \quad (2.107)$$

$$u(t) = K_p(\omega(t) - \omega_0) + K_i \delta(t) + K_d \frac{d(\omega(t))}{dt}, \quad (2.108)$$

$$u(t) = K_p(\omega(t) - \omega_0) + K_i \delta(t) + K_d \left(-\frac{D}{H} \omega(t) - \frac{\omega_0}{2H} \frac{1}{x_{ds}} V_s sin\delta(t) E_q(t) + \frac{\omega_0}{2H} P_{m0} \right), \quad (2.109)$$

$$u(t) = K_i \delta(t) + \left(K_p - \frac{D K_d}{H} \right) \omega(t) - \frac{\omega_0}{2H} \frac{K_d}{x_{ds}} V_s sin\delta(t) E_q(t) + \left(\frac{\omega_0 K_d}{2H} P_{m0} - K_p \omega_0 \right). \quad (2.110)$$

En procédant à la comparaison des comportements du système SMIB par rapport aux deux approches, on constate que :

- les deux lois de commandes donnent à peu près les mêmes résultats sur les comportements de chacune des grandeurs d'entrée, d'état et de mesures (angle de puissance $\delta(t)$, vitesse relative de rotation électrique $\omega(t)$, tension interne en quadrature $E_q(t)$, loi de commande $u(t)$, tension de sortie $V_t(t)$ et puissance de sortie $P_e(t)$) au cas du régime sain (sans défaut) et du régime perturbé (avec une chute de tension modeste de 15%) ;

- les deux lois de commande donnent à peu près les mêmes allures mais des résultats assez différents surtout concernant les grandeurs angle de puissance $\delta(t)$, tension interne en quadrature $E_q(t)$ et tension de sortie $V_t(t)$ au cas du régime perturbé causé par une erreur initiale de 1,64% sur l'angle de puissance $\delta(t)$. Ce que montrent les figures 10, 11 et 12 suivantes.

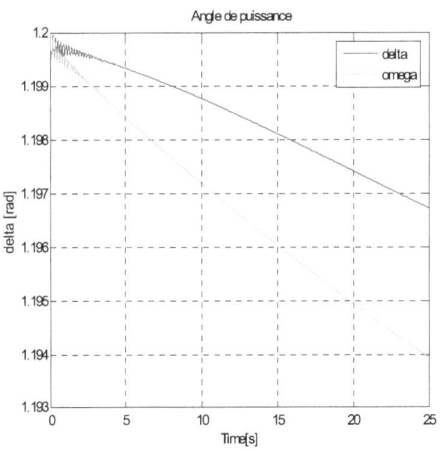

Fig. 10: Variation de l'angle de puissance δ sous les deux approches PID avec l'angle de puissance et la vitesse relative

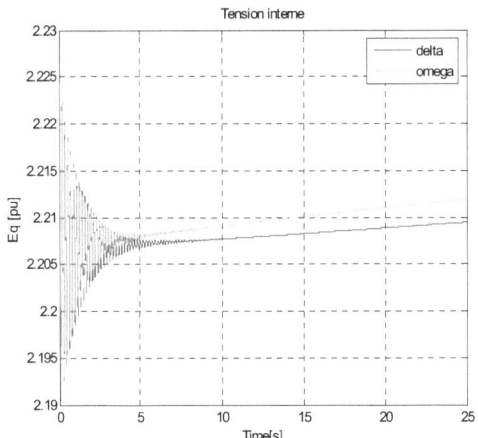

Fig. 11: Variation de la tension interne en quadrature E_q sous les deux approches PID avec l'angle de puissance et la vitesse relative

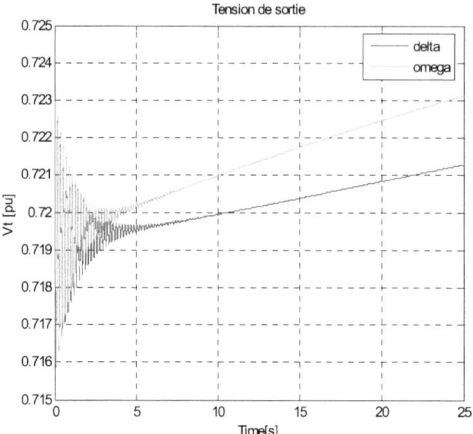

Fig. 12: Variation de la tension de sortie V_t sous les deux approches PID avec l'angle de puissance et la vitesse relative

II.3.2.2. Commande PDC

Avec ces valeurs numériques des paramètres considérées, le système d'équations devient :

$$\begin{cases} \dot{x}_1(t) = 0.x_1(t) + 1.x_2(t) + 0.x_3(t) + 0.u(t) + 0 \\ \dot{x}_2(t) = 0.x_1(t) - 1.25*x_2(t) - 17.1846*sinx_1(t)*x_3(t) + 0.u(t) + 35.3429 \\ \dot{x}_3(t) = 0.x_1(t) + 1.9479*sinx_1(t)*x_2(t) - 0.36849*x_3(t) + 73.6984*u(t) + 0 \end{cases}$$

Ce qui donne :

$$A_1 = \begin{pmatrix} 0 & 1 & 0 \\ 0 & -1.25 & 17.1846 \\ 0 & -1.9479 & -0.36849 \end{pmatrix} ; A_2 = \begin{pmatrix} 0 & 1 & 0 \\ 0 & -1.25 & -17.1846 \\ 0 & 1.9479 & -0.36849 \end{pmatrix}$$

$$B = B_1 = B_2 = \begin{pmatrix} 0 \\ 0 \\ 73.6984 \end{pmatrix} ; K = \begin{pmatrix} 0 \\ 35.3429 \\ 0 \end{pmatrix}$$

Les variations des fonctions d'activation $\mu_{i0}(z(t))$ sont données par la figure 13 suivante :

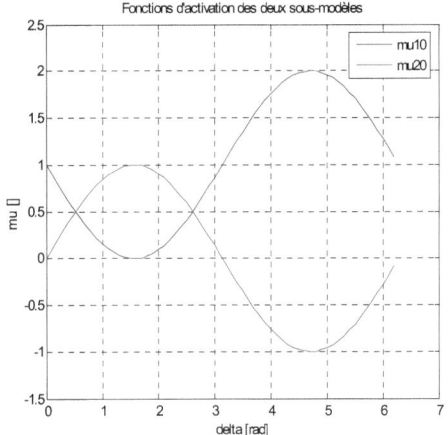

Fig. 13: Fonctions d'activation $\mu_{i0}(z(t))$

En vue de compenser l'effet de perturbations en basse fréquence, mais aussi de comparer avec le régulateur standard de type PID, on peut également prévoir une action intégrale dans la commande, en augmentant le modèle en conséquence et en lui appliquant la même approche multimodèle. Ce sont les résultats obtenus avec ce dernier schéma qui sont présentés dans la suite.

Ainsi, on considère un modèle étendu pour la commande avec un état de plus.

$$\delta_I = \int_0^t \bigl(\delta(\theta) - \delta_{ref}\bigr)d\theta \tag{2.111}$$

Le système étendu est donc :

$$\begin{cases} \dot{\delta}_I = \delta(t) - \delta_{ref} \\ \dot{\delta}(t) = \omega(t) \\ \dot{\omega}(t) = -\dfrac{D}{H}\omega(t) - \dfrac{\omega_0}{2H}\dfrac{1}{x_{ds}}V_s \sin\delta(t) E_q(t) + \dfrac{\omega_0}{2H}P_{m0} \\ \dot{E}_q(t) = \dfrac{x_d - x'_d}{x'_{ds}}V_s \sin\delta(t)\omega(t) - \dfrac{1}{T'_{d0}}\dfrac{x_{ds}}{x'_{ds}}E_q(t) + \dfrac{x_{ds}}{x'_{ds}}\dfrac{k_c}{T'_{d0}}u_f(t) \end{cases} \tag{2.112}$$

Représenté de façon condensée comme suit :

$$\dot{x}_e(t) = A_e x_e(t) + B_e u(t) + K_e \tag{2.113}$$

Avec :

$$A_e = \begin{pmatrix} 0 & 1 & 0 & 0 \\ 0 & 0 & 1 & 0 \\ 0 & 0 & -\frac{D}{H} & -\frac{\omega_0}{2H}\frac{1}{x_{ds}}V_s \sin\delta(t) \\ 0 & 0 & \frac{x_d - x'_d}{x'_{ds}}V_s \sin\delta(t) & -\frac{1}{T'_{d0}}\frac{x_{ds}}{x'_{ds}} \end{pmatrix} \; ; x_e(t) = \begin{pmatrix} \delta_I(t) \\ \delta(t) \\ \omega(t) \\ E_q(t) \end{pmatrix} ;$$

$$B_e = \begin{pmatrix} 0 \\ 0 \\ 0 \\ \frac{x_{ds}}{x'_{ds}}\frac{k_c}{T'_{d0}} \end{pmatrix} \; ; K_e = \begin{pmatrix} -\delta_{ref} \\ 0 \\ \frac{\omega_0}{2H}P_{m0} \\ 0 \end{pmatrix} \quad (2.114)$$

D'où :

$$\begin{pmatrix} \dot{\delta}_I(t) \\ \dot{\delta}(t) \\ \dot{\omega}(t) \\ \dot{E}_q(t) \end{pmatrix} = \begin{pmatrix} 0 & 1 & 0 & 0 \\ 0 & 0 & 1 & 0 \\ 0 & 0 & -\frac{D}{H} & -\frac{\omega_0}{2H}\frac{1}{x_{ds}}V_s \sin\delta(t) \\ 0 & 0 & \frac{x_d - x'_d}{x'_{ds}}V_s \sin\delta(t) & -\frac{1}{T'_{d0}}\frac{x_{ds}}{x'_{ds}} \end{pmatrix} \begin{pmatrix} \delta_I(t) \\ \delta(t) \\ \omega(t) \\ E_q(t) \end{pmatrix} +$$

$$\begin{pmatrix} 0 \\ 0 \\ 0 \\ \frac{x_{ds}}{x'_{ds}}\frac{k_c}{T'_{d0}} \end{pmatrix} u(t) + \begin{pmatrix} -\delta_{ref} \\ 0 \\ \frac{\omega_0}{2H}P_{m0} \\ 0 \end{pmatrix}, \quad (2.115)$$

$$\begin{pmatrix} \dot{\delta}_I(t) \\ \dot{\delta}(t) \\ \dot{\omega}(t) \\ \dot{E}_q(t) \end{pmatrix} =$$

$$\begin{pmatrix} 0 & 1 & 0 & 0 \\ 0 & 0 & 1 & 0 \\ 0 & 0 & -\frac{D}{H} & 0 \\ 0 & 0 & 0 & -\frac{1}{T'_{d0}}\frac{x_{ds}}{x'_{ds}} \end{pmatrix} \begin{pmatrix} \delta_I(t) \\ \delta(t) \\ \omega(t) \\ E_q(t) \end{pmatrix} +$$

$$\sin\delta(t) \begin{pmatrix} 0 & 0 & 0 & 0 \\ 0 & 0 & 0 & 0 \\ 0 & 0 & 0 & -\frac{\omega_0}{2H}\frac{1}{x_{ds}}V_s \\ 0 & 0 & \frac{x_d - x'_d}{x'_{ds}}V_s & 0 \end{pmatrix} \begin{pmatrix} \delta_I(t) \\ \delta(t) \\ \omega(t) \\ E_q(t) \end{pmatrix} + \begin{pmatrix} 0 \\ 0 \\ 0 \\ \frac{x_{ds}}{x'_{ds}}\frac{k_c}{T'_{d0}} \end{pmatrix} u(t) + \begin{pmatrix} -\delta_{ref} \\ 0 \\ \frac{\omega_0}{2H}P_{m0} \\ 0 \end{pmatrix},$$

$$(2.116)$$

En remarquant que le passage de l'angle par les valeurs multiples de π peut poser problème pour la commande, et en considérant un fonctionnement en régulation autour d'une valeur d'angle de référence δ_0 dans $]0, \pi[$, on peut adapter l'approche à cette plage de fonctionnement pour l'angle, et donc considérer des matrices A_1 et A_2 pour les valeurs extrêmes du sinus sur cet intervalle, soit $\varepsilon > 0$ et $+1$ (en pratique, on pourra considérer par exemple $\varepsilon = 0{,}001$).

On obtient alors :

$$A_{0e} = \begin{pmatrix} 0 & 1 & 0 & 0 \\ 0 & 0 & 1 & 0 \\ 0 & 0 & -\frac{D}{H} & 0 \\ 0 & 0 & 0 & -\frac{1}{T'_{do}}\frac{x_{ds}}{x'_{ds}} \end{pmatrix} ; A_{se} = \begin{pmatrix} 0 & 0 & 0 & 0 \\ 0 & 0 & 0 & 0 \\ 0 & 0 & 0 & -\frac{\omega_0}{2H}\frac{1}{x_{ds}}V_s \\ 0 & 0 & \frac{x_d - x'_d}{x'_{ds}}V_s & 0 \end{pmatrix},$$

(2.117)

$$A_{1e} = A_{0e} + \varepsilon A_{se} = \begin{pmatrix} 0 & 1 & 0 & 0 \\ 0 & 0 & 1 & 0 \\ 0 & 0 & -\frac{D}{H} & -\varepsilon\frac{\omega_0}{2H}\frac{1}{x_{ds}}V_s \\ 0 & 0 & \varepsilon\frac{x_d - x'_d}{x'_{ds}}V_s & -\frac{1}{T'_{do}}\frac{x_{ds}}{x'_{ds}} \end{pmatrix},$$

(2.118)

$$A_{2e} = A_{0e} + A_{se} = \begin{pmatrix} 0 & 1 & 0 & 0 \\ 0 & 0 & 1 & 0 \\ 0 & 0 & -\frac{D}{H} & -\frac{\omega_0}{2H}\frac{1}{x_{ds}}V_s \\ 0 & 0 & \frac{x_d - x'_d}{x'_{ds}}V_s & -\frac{1}{T'_{do}}\frac{x_{ds}}{x'_{ds}} \end{pmatrix}.$$

(2.119)

Soient :

$$\mu_{10}(z(t)) = \frac{1}{(1-\varepsilon)}(1 - \sin\delta(t)),$$
$$\mu_{20}(z(t)) = \frac{1}{(1-\varepsilon)}(-\varepsilon + \sin\delta(t))$$

(2.120)

$$\begin{pmatrix} \dot{\delta}_I(t) \\ \dot{\delta}(t) \\ \dot{\omega}(t) \\ \dot{E}_q(t) \end{pmatrix} = \frac{1}{(1-\varepsilon)}(1 - \sin\delta(t)) \begin{pmatrix} 0 & 1 & 0 & 0 \\ 0 & 0 & 1 & 0 \\ 0 & 0 & -\frac{D}{H} & -\varepsilon\frac{\omega_0}{2H}\frac{1}{x_{ds}}V_s \\ 0 & 0 & \varepsilon\frac{x_d-x'_d}{x'_{ds}}V_s & -\frac{1}{T'_{d0}}\frac{x_{ds}}{x'_{ds}} \end{pmatrix} \begin{pmatrix} \delta_I(t) \\ \delta(t) \\ \omega(t) \\ E_q(t) \end{pmatrix} +$$

$$\frac{1}{(1-\varepsilon)}(-\varepsilon + \sin\delta(t)) \begin{pmatrix} 0 & 1 & 0 & 0 \\ 0 & 0 & 1 & 0 \\ 0 & 0 & -\frac{D}{H} & -\frac{\omega_0}{2H}\frac{1}{x_{ds}}V_s \\ 0 & 0 & \frac{x_d-x'_d}{x'_{ds}}V_s & -\frac{1}{T'_{d0}}\frac{x_{ds}}{x'_{ds}} \end{pmatrix} \begin{pmatrix} \delta_I(t) \\ \delta(t) \\ \omega(t) \\ E_q(t) \end{pmatrix} + \begin{pmatrix} 0 \\ 0 \\ 0 \\ \frac{x_{ds}}{x'_{ds}}\frac{k_c}{T'_{d0}} \end{pmatrix} u(t) +$$

$$\begin{pmatrix} -\delta_{ref} \\ 0 \\ \frac{\omega_0}{2H}P_{m0} \\ 0 \end{pmatrix}, \tag{2.121}$$

Pour traiter le terme affine **K**, on peut d'abord remarquer qu'en se référant à une opération sur le générateur autour d'un angle de référence $\boldsymbol{\delta_0}$ dans $]0, \pi[$ (voir par exemple [BES12] pour une prise en compte explicite d'une telle contrainte), une première commande par rétroaction de la forme :

$$u_f = -\frac{P_{m0}T'_{d0}x'_{ds}\cos\delta}{k_c V_s(\sin\delta)^2}\omega + u \tag{2.122}$$

peut être appliquée au modèle (1.31) de telle sorte qu'il devient :

$$\begin{pmatrix} \dot{\delta}(t) \\ \dot{\omega}(t) \\ \dot{\bar{E}}_q(t) \end{pmatrix} = \begin{pmatrix} 0 & 1 & 0 \\ 0 & -\frac{D}{H} & -\frac{\omega_0}{2H}\frac{1}{x_{ds}}V_s\sin\delta(t) \\ 0 & \frac{x_d-x'_d}{x'_{ds}}V_s\sin\delta(t) & -\frac{1}{T'_{d0}}\frac{x_{ds}}{x'_{ds}} \end{pmatrix} \begin{pmatrix} \delta(t) \\ \omega(t) \\ \bar{E}_q(t) \end{pmatrix} + \begin{pmatrix} 0 \\ 0 \\ \frac{x_{ds}}{x'_{ds}}\frac{k_c}{T'_{d0}} \end{pmatrix} u(t)$$

$$\tag{2.123}$$

Où :

$$\bar{E}_q = E_q - \frac{P_{m0}x_{ds}}{V_s\sin\delta} \tag{2.124}$$

et $\boldsymbol{u(t)}$ est la nouvelle variable de commande.

On peut maintenant résoudre les LMIs avec $\boldsymbol{A_{1e}}, \boldsymbol{A_{2e}}$:

$$\sum_{i=1}^{2}\mu_{i0}(z(t))(XA_i^T - M_i^T B_i^T + A_i X - BM_i) < 0. \tag{2.125}$$

pour les $\mu_{i0}(z(t))=\mu_{i0}(\delta(t))$ selon l'équation (2.119).

A noter que pour se donner un paramètre de réglage sur la commande, on peut modifier cette inégalité en y incluant en plus un coefficient $\tau > 0$ comme suit :

$$\sum_{i=1}^{2} \mu_{i0}(z(t)) \left(X A_i^T - M_i^T B_i^T + A_i X - B M_i + \frac{\tau}{2} X \right) < 0. \qquad (2.126)$$

II.3.3. Simulations et comparaisons

Nous présentons sur les figures 14 à 19 la comparaison des différentes évolutions des variables d'état, de commande et de sortie du système en régime sain auquel on a constaté une valeur raisonnable de $\tau = 1$.

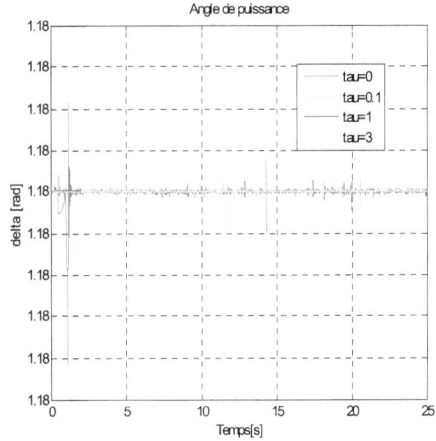

Fig. 14: Evolution de l'angle de puissance **δ** du générateur du réseau SMIB correspondant à différentes valeurs du paramètre de réglage **τ**

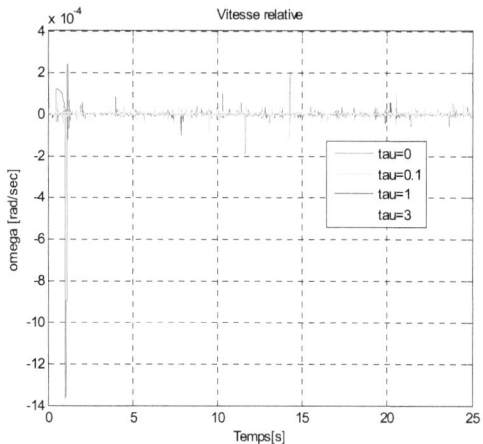

Fig. 15: Evolution de la vitesse relative de rotation électrique ω du générateur correspondant à différentes valeurs du paramètre de réglage τ

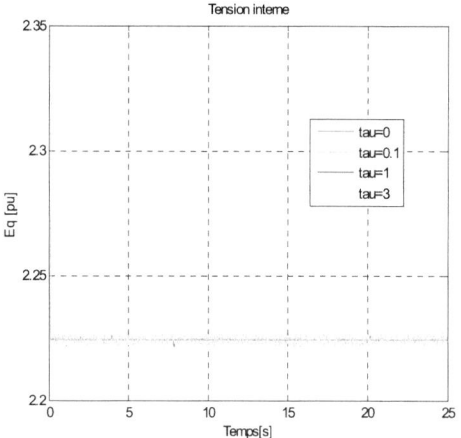

Fig. 16: Evolution de la tension interne en quadrature E_q du générateur du réseau SMIB correspondant à différentes valeurs du paramètre de réglage τ

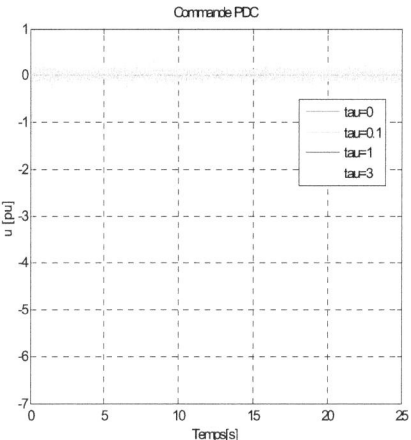

Fig. 17: Evolution de la commande *u* du PDC correspondant à différentes valeurs du paramètre de réglage τ

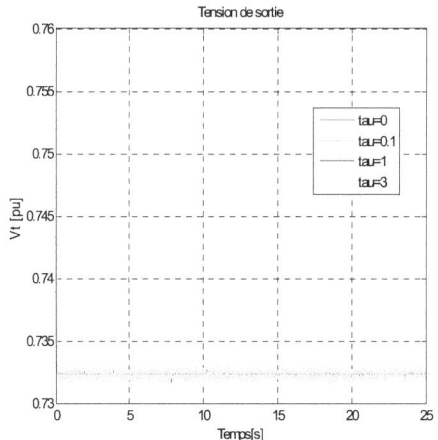

Fig. 18: Evolution de la tension de sortie V_t du générateur du réseau SMIB correspondant à différentes valeurs du paramètre de réglage τ

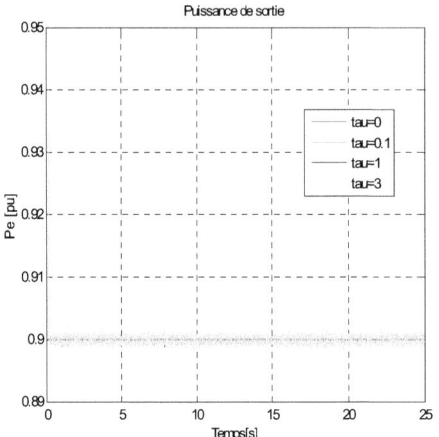

Fig. 19: Evolution de la puissance de sortie P_e du générateur du réseau SMIB correspondant à différentes valeurs du paramètre de réglage τ

Résolvons maintenant les LMIs avec A_{1e}, A_{2e} et τ donné (à régler pour un temps de réponse comparable avec le PID) :

$$A_{1e} = \begin{pmatrix} 0 & 1 & 0 & 0 \\ 0 & 0 & 1 & 0 \\ 0 & 0 & -1.25 & -0.171846 \\ 0 & 0 & 0.0019479 & -0.36849 \end{pmatrix},$$

$$A_{2e} = \begin{pmatrix} 0 & 1 & 0 & 0 \\ 0 & 0 & 1 & 0 \\ 0 & 0 & -1.25 & -17.1846 \\ 0 & 0 & 1.9479 & -0.36849 \end{pmatrix},$$

$$B_e = \begin{pmatrix} 0 \\ 0 \\ 0 \\ 73.6984 \end{pmatrix},$$

$$K_e = \begin{pmatrix} -1.18 \\ 0 \\ 35.3429 \\ 0 \end{pmatrix}.$$

La mise en œuvre de la méthode et les calculs associés ont été effectués en utilisant l'outil MATLAB, et avec $\tau = 0.1$, on obtient les résultats suivants pour les gains :

$F_1 = (-0.0307 \quad -0.2202 - 0.1677 \quad 0.0218)$,

$F_2 = (-2.5588 \quad -18.0185 \quad -13.689 \quad 1.56)$.

à partir desquels la commande PDC peut être calculée :

$$u(t) = \frac{1}{1-0.001}(1 - \sin\delta)\left(0.0307\int_0^t(\delta(\theta) - \delta_{ref})d\theta + 0.2202*\delta + 0.1677*\omega - 0.0218*E_q + (u_{ref} - 0.2202*\delta_0 - 0.1677*\omega_0 + 0.0218*E_{q0})\right) + \frac{1}{1-0.001}(-0.001 + \sin\delta)\left(2.5588\int_0^t(\delta(\theta) - \delta_{ref})d\theta + 18.0185*\delta + 13.689*\omega - 1.56*E_q + (u_{ref} - 18.0185*\delta_0 - 13.689*\omega_0 + 1.56*E_{q0})\right). \quad (2.127)$$

Elle a été testée en simulation avec différents types de défauts, et les résultats comparés avec ceux obtenus en utilisant un PID réglé comme suit :

$$u(t) = 0.12(\delta(t) - \delta_0) + 0.001\int_0^t(\delta(\tau) - \delta_0)d\tau + \frac{d(\delta(t)-\delta_0)}{dt}. \quad (2.128)$$

Nous avons choisis le point de fonctionnement :

$[\delta_{ref} \quad \omega_{ref} \quad E_{qref} \quad u_{ref}]$ tel que $\delta_{ref} = 1.18 rad$ et $\omega_{ref} = 0$.

Comme $E_q = \frac{x_{ds}P_{m0}}{V_s \sin\delta}$ et $u_f = \frac{E_q}{k_c}$, alors $E_q = 2.2261149$ et $u_f = 0.01113$

Alors

$[\delta_{ref} \quad \omega_{ref} \quad E_{qref} \quad u_{ref}] = [1.18rad \quad 0rad/s \quad 2.2261149pu \quad 0.01113pu]$.

Les résultats présentés ci-après correspondent à deux situations, l'une d'une chute de tension d'amplitude 15% provoquées par exemple par un enclenchement brusque de forte charge, à t=12s et pendant 500ms, et l'autre une erreur initiale de 1,64% sur l'angle de puissance (72° au lieu de 67,5°) :

a) chute de tension de 15%,
b) erreur initiale de 1,64% sur **δ_0**.

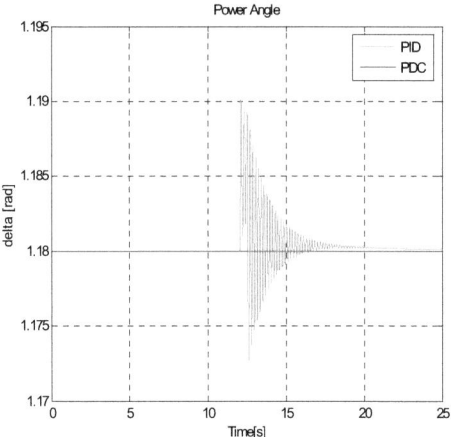

Fig. 20: Evolution de l'angle de puissance δ du générateur du réseau SMIB, cas (a)

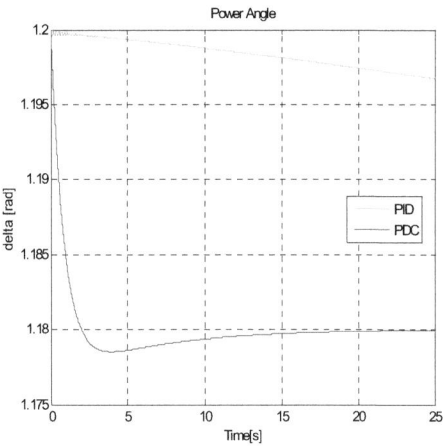

Fig. 21: Evolution de l'angle de puissance δ du générateur du réseau SMIB, cas (b)

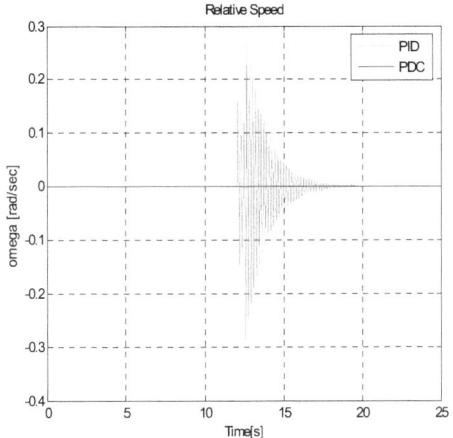

Fig. 22: Evolution de la vitesse relative de rotation électrique ω du générateur,

cas (a)

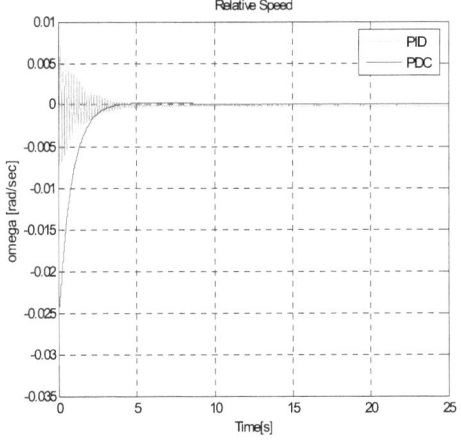

Fig. 23: Evolution de la vitesse relative de rotation électrique ω du générateur,

cas (b)

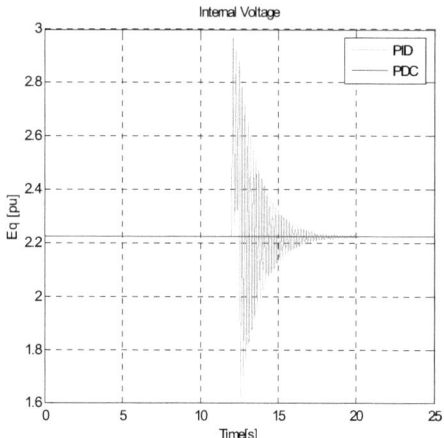

Fig. 24: Evolution de la tension interne en quadrature E_q du générateur du réseau SMIB, cas (a)

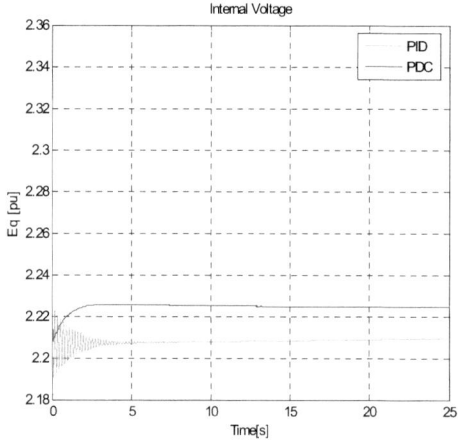

Fig. 25: Evolution de la tension interne en quadrature E_q du générateur du réseau SMIB, cas (b)

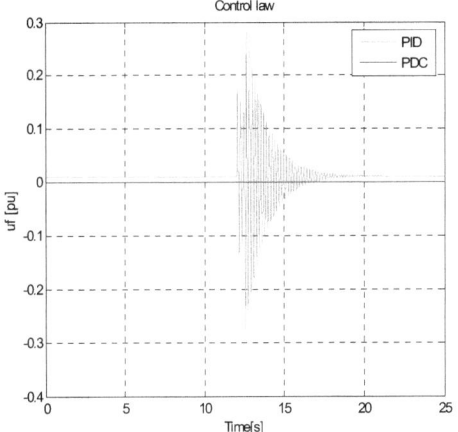

Fig. 26: Evolution des commandes u_f PDC et PID, cas (a)

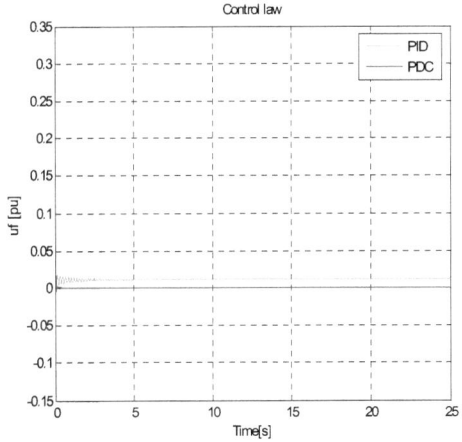

Fig. 27: Evolution des commandes u_f PDC et PID, cas (b)

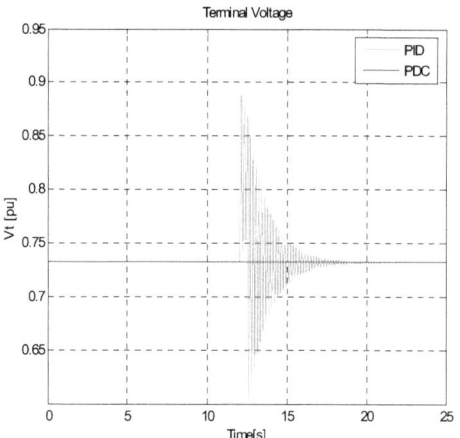

Fig. 28: Evolution de la tension de sortie V_t du générateur, cas (a)

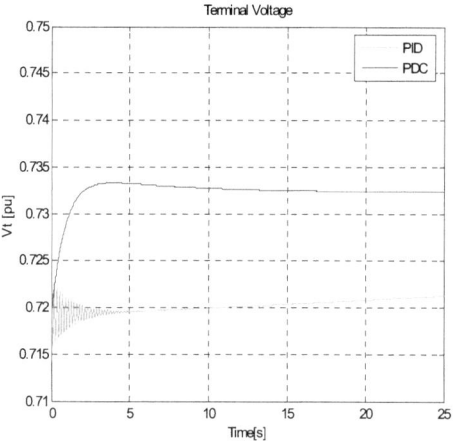

Fig. 29: Evolution de la tension de sortie V_t du générateur, cas (b)

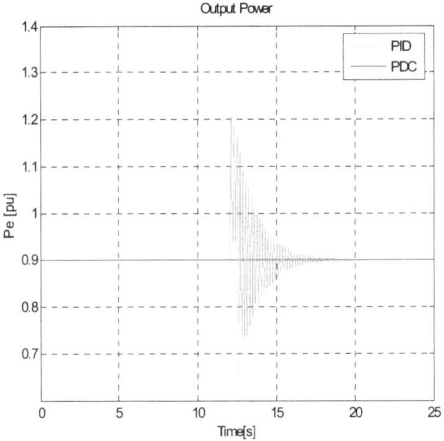

Fig. 30: Evolution de la puissance de sortie P_e du générateur, cas (a)

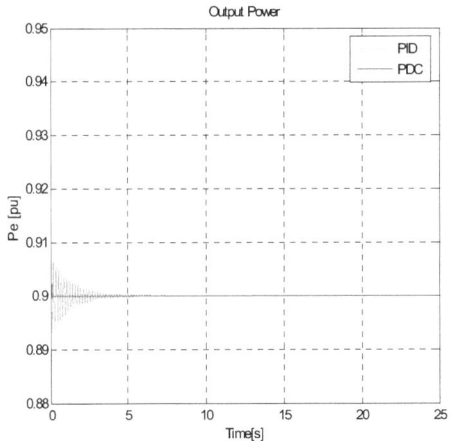

Fig. 31: Evolution de la puissance de sortie P_e du générateur, cas (b)

Les oscillations indiquées en couleur verte sont beaucoup plus rapides que la gamme typique des modes électromécaniques qui sont dues à la composante continue du courant de court-circuit, et ceci du fait de l'utilisation du modèle (δ, ω, E_q).

On peut remarquer sur ces courbes des figures 20, 22, 24, 26, 28 et 30 qu'en présence d'une chute de tension de 15%, les deux systèmes de régulation PID et PDC maintiennent le fonctionnement du réseau, mais en comparant les pics de valeurs ainsi que les oscillations lors des différentes simulations, il apparaît que la commande PDC pilote mieux le système que le PID. Elle agit aussi plus rapidement.

Dans le deuxième cas, on constate que pour l'erreur sur δ_0 simulée, la commande PID n'arrive plus à ramener le système au point de fonctionnement voulu alors que le PDC y arrive sans trop de problème, moyennant quelques pics transitoires. Ceci est montré par les figures 21, 23, 25, 27, 29 et 31.

II.4. CONCLUSIONS

Dans ce chapitre, l'approche multimodèle T-S obtenu par transformation par secteurs non linéaires a été utilisée pour la régulation d'un système SMIB et illustrée lors d'une chute de tension provoquée par un enclenchement brusque d'une forte charge, ou à des perturbations directes de l'angle de puissance. Nous nous sommes limités aux équations d'états et nous avons pu réduire le nombre de sous-modèles à deux. Nous avons constaté que la loi de commande PDC permet toujours de ramener le système aux points de fonctionnement en régime nominal dans les simulations considérées. Il apparaît aussi que les résultats obtenus sont meilleurs par rapport à ceux donnés par une approche classique de type PID, pour une méthode qui n'est pas beaucoup plus compliquée : meilleur maintien des points de fonctionnement, moins d'oscillations et plus de rapidité. Une extension de ce travail peut être envisagée pour le cas d'un réseau multimachines, ou en tenant compte de la présence des dispositifs FACTS comme dans [CON05] et [MAN08] par exemple.

L'évitement des valeurs d'angle singulières pour la commande n'est cependant pas garanti par cette approche. Ce problème motive plus spécialement l'approche non linéaire proposée au chapitre suivant.

Chapitre III : COMMANDE PAR BACKSTEPPING SOUS CONTRAINTES DE SMIB ET AUTRES SYSTEMES

III.1. INTRODUCTION

Ce chapitre porte sur la méthode dite de « backstepping » [HEN...] pour la synthèse d'une loi de commande non linéaire (voir [KRS95]) ainsi que son utilisation dans le cas de la commande d'un générateur connecté à un bus infini (SMIB), et même au-delà.

Après un rappel de la procédure générale, le chapitre souligne comment elle peut être adaptée pour garantir en plus de la stabilité le respect de *contraintes* de type inégalité sur la sortie considérée (selon une idée initialement présentée dans [BES01], utilisée dans [BES03], et re-décrite par la suite dans [NGO05, KEN09, KEN11]). L'approche s'appuie sur des fonctions « barrières » (introduites à l'origine dans un contexte d'optimisation pure [FRI55], et constitue une alternative aux méthodes plus numériques à base d'optimisation pour la gestion des contraintes, comme en Model Predictive Control (MPC), voir par exemple [MAY00, FIN02, ALA06].

Cette approche est ensuite illustrée par le problème de commande de l'angle ou de la tension dans le cas du système SMIB. Plusieurs résultats de simulations sont présentés en conséquence.

Le chapitre prolonge enfin l'étude des fonctions Barrières utilisées comme outil de conception pour la commande sous des contraintes de sortie à travers quelques exemples supplémentaires : pour les systèmes passifs notamment, ou encore les systèmes interconnectés. Quelques exemples d'application illustratifs sont aussi finalement présentés brièvement.

III.2. METHODE DE SYNTHESE DE LOI DE COMMANDE PAR BACKSTEPPING

III.2.1. Généralités sur la commande backstepping

Le terme backstepping signifie que l'on remonte la chaîne d'intégrateurs jusqu'à la commande, en construisant pas à pas la fonction de Lyapunov et la commande par retour d'état. Cette méthode de backstepping est donc une méthodologie de synthèse récursive conjointe d'une fonction de Lyapunov et de la loi de commande associée. Elle met à profit les relations causales successives pour les construire de manière itérative et systématique.

Avec cette méthodologie, la construction de la loi de commande de type retour d'état et de la fonction de Lyapunov associée se fait de façon systématique et en même temps. Elle transforme un problème de conception de la commande d'un système complet en une séquence de problème de conception pour des systèmes d'ordre inférieur (la plupart du temps scalaire). En exploitant la simplicité et la flexibilité apportées par les systèmes scalaires, le backstepping peut souvent résoudre les problèmes de stabilisation, de poursuite, et les problèmes de commande robuste dans des conditions moins restrictives que celles d'autres méthodes. Ainsi, alors que la méthode de linéarisation entrée-sortie exige des modèles définis et compense souvent des non-linéarités utiles, la méthode backstepping offre un choix d'outils de synthèse permettant de s'accommoder d'incertitudes et peut éviter des éliminations des non-linéarités utiles pour la performance et la robustesse de la commande.

Pour que la technique backstepping puisse s'appliquer, le système non-linéaire doit être sous forme « strict feedback » (*rétroaction stricte*), ce qui constitue une restriction de l'approche : la dérivée de chaque composante du vecteur d'état doit être une fonction des composantes précédentes et dépendre additivement de la composante suivante. De plus, et contrairement au bouclage linéarisant, le backstepping offre la possibilité de conserver dans le bouclage les non-linéarités stabilisantes.

$$\dot{x} = f(x) + g(x)\epsilon_1, \tag{3.1}$$

$$\dot{\epsilon}_1 = f_1(x, \epsilon_1) + g_1(x, \epsilon_1)\epsilon_2, \qquad (3.2)$$

$$\dot{\epsilon}_2 = f_2(x, \epsilon_1, \epsilon_2) + g_2(x, \epsilon_1, \epsilon_2)\epsilon_3, \qquad (3.3)$$

...

$$\dot{\epsilon}_{k-1} = f_{k-1}(x, \epsilon_1, \dots, \epsilon_{k-1}) + g_{k-1}(x, \epsilon_1, \dots, \epsilon_{k-1})\epsilon_k, \qquad (3.4)$$

$$\dot{\epsilon}_k = f_k(x, \epsilon_1, \dots, \epsilon_k) + g_k(x, \epsilon_1, \dots, \epsilon_k)u, \qquad (3.5)$$

Où $x \in R^n$ et $\epsilon_1, \dots, \epsilon_k$ sont des scalaires.

Nous supposons par ailleurs que le système admet l'origine comme état d'équilibre. Il s'agit d'un retour strict du fait que les fonctions f_i, g_i dans l'équation dynamique de $\epsilon_i, i = (1, \dots, k)$ dépendent seulement de $x, \epsilon_1, \dots, \epsilon_i$.

III.2.2. Méthode générale de synthèse récursive par Backstepping

Le sous système x vérifie l'hypothèse suivante :

en considérant que ϵ_1 est son entrée de commande u (commande virtuelle), le système :

$$\dot{x} = f(x) + g(x)u, \qquad x \in R^n, \qquad u \in R, \qquad f(0) = 0 \qquad (3.6)$$

admet un retour d'état stabilisant $u = \alpha(x)$ tel que :

$$\frac{\partial V(x)}{\partial x} = [f(x) + g(x)\alpha(x)] \leq -W(x) \leq 0, \qquad \forall x \in R^n \qquad (3.7)$$

pour une fonction de Lyapunov V et une fonction définie positive W.

La procédure récursive commence avec le sous système :

$$\begin{cases} \dot{x} = f(x) + g(x)\epsilon_1 \\ \dot{\epsilon}_1 = f_1(x, \epsilon_1) + g_1(x, \epsilon_1)\epsilon_2 \end{cases}.$$

Nous considérons d'abord $V_1(x, \epsilon_1)$ comme :

$$V_1(x, \epsilon_1) = V(x) + \frac{1}{2}[\epsilon_1 - \alpha(x)]^2, \qquad (3.8)$$

Où $\alpha(x)$ est le retour stabilisant présenté ci-avant.

Afin de trouver la fonction stabilisante $\alpha_1(x, \epsilon_1)$ pour la dynamique de ϵ_2, nous avons besoin de rendre $\dot{V}_1$ définie négative lorsque $\epsilon_2 = \alpha_1$.

Si nous choisissons $z = \epsilon_1 - \alpha$ alors la dérivée temporelle $\dot{V}_1$ sera :

$$\dot{V}_1 = \dot{V} + z\dot{z}. \qquad (3.9)$$

Or, la dérivée temporelle de V est :

$$\dot{V} = \frac{\partial V}{\partial x}(f + g\alpha) + \frac{\partial V}{\partial x}gz \tag{3.10}$$

$$\dot{z} = f_1(x, \epsilon_1) + g_1(x, \epsilon_1)\epsilon_2 - \frac{\partial \alpha}{\partial x}(f(x) + g(x)\epsilon_1) \tag{3.11}$$

Donc, nous aurons :

$$\dot{V}_1 = \frac{\partial V}{\partial x}(f + g\alpha) + \frac{\partial V}{\partial x}g(\epsilon_1 - \alpha) + (\epsilon_1 - \alpha)\left[f_1(x, \epsilon_1) + g_1(x, \epsilon_1)\epsilon_2 - \frac{\partial \alpha}{\partial x}(f(x) + g(x)\epsilon_1)\right].$$

Sous l'hypothèse précédente $\left(\frac{\partial V}{\partial x}(f + g\alpha) \leq -W(x)\right)$, nous pouvons écrire :

$$\dot{V}_1 \leq -W(x) + [\epsilon_1 - \alpha]\left\{\frac{\partial V}{\partial x}g + f_1(x, \epsilon_1) + g_1(x, \epsilon_1)\epsilon_2 - \frac{\partial \alpha}{\partial x}(f + g\epsilon_1)\right\} \tag{3.12}$$

Afin de trouver une forme pour α_1, on rajoute et on retranche le terme $g_1(x, \epsilon_1).\alpha_1(x, \epsilon_1)$. Donc, nous avons :

$$\dot{V}_1 \leq -W(x) + [\epsilon_1 - \alpha]\left\{\frac{\partial V}{\partial x}g + f_1(x, \epsilon_1) + g_1(x, \epsilon_1).\alpha_1(x, \epsilon_1) + g_1(x, \epsilon_1)[\epsilon_2 - \alpha_1(x, \epsilon_1)] - \frac{\partial \alpha}{\partial x}(f + g\epsilon_1)\right\} \tag{3.13}$$

Si on choisit le terme suivant pour α_1 :

$$\alpha_1(x, \epsilon_1) = \frac{1}{g_1(x,\epsilon_1)}\left\{-c_1[\epsilon_1 - \alpha(x)] - \frac{\partial V}{\partial x}g - f_1(x, \epsilon_1) + \frac{\partial \alpha}{\partial x}(f + g\epsilon_1)\right\} \tag{3.14}$$

On va obtenir :

$$\dot{V}_1 \leq -W(x) - c_1[\epsilon_1 - \alpha(x)]^2 + [\epsilon_1 - \alpha(x)]g_1(x, \epsilon_1)[\epsilon_2 - \alpha_1(x, \epsilon_1)] \tag{3.15}$$

Nous définissons :

$$W_1(x) \equiv W(x) + c_1[\epsilon_1 - \alpha(x)]^2, (c_1 > 0) \tag{3.16}$$

D'un autre côté, on sait bien que $\frac{\partial V_1}{\partial \epsilon_1} = (\epsilon_1 - \alpha)$. Donc, nous réécrivons $\dot{V}_1$ comme suit :

$$\dot{V}_1 \leq -W(x, \epsilon_1) + \frac{\partial V_1}{\partial \epsilon_1}g_1(\epsilon_2 - \alpha_1) \tag{3.17}$$

Avec cette configuration, on voit bien que si on choisit pour ϵ_2 la loi de commande virtuelle α_1 (c'est-à-dire que $\epsilon_2 = \alpha_1$), alors $\dot{V}_1$ est négative.

Avec $\alpha_1(x, \epsilon_1)$ déterminé, notre prochaine étape consiste à augmenter le sous-système avec l'équation $\dot{\epsilon}_2$ depuis le strict feedback. Sous une forme compacte, nous obtenons comme système :

$$\dot{X}_1 = F_1(X_1) + G_1(X_1)\epsilon_2 \qquad (3.18)$$

$$\dot{\epsilon}_2 = f_2(X_1, \epsilon_2) + g_2(X_1, \epsilon_2)\epsilon_3 \qquad (3.19)$$

Où $f_2(X_1, \epsilon_2)$, $g_2(X_1, \epsilon_2)$ correspondent respectivement à $f_2(x, \epsilon_1, \epsilon_2)$, $g_2(x, \epsilon_1, \epsilon_2)$ et

$$X_1 = \begin{bmatrix} x \\ \epsilon_1 \end{bmatrix}, \quad F_1(X_1) = \begin{bmatrix} f(x) + g(x)\epsilon_1 \\ f_1(x, \epsilon_1) \end{bmatrix}, \quad G_1(X_1) = \begin{bmatrix} 0 \\ g_1(x, \epsilon_1) \end{bmatrix} \qquad (3.20)$$

A ce niveau, nous introduisons la fonction de Lyapunov candidate du système :

$$V_2(X_1, \epsilon_2) = V_2(X_1) + \frac{1}{2}[\epsilon_2 - \alpha_1(X_1)]^2 \qquad (3.21)$$

Pour la commodité des notations, nous avons employé $X_0 = x$ et $\alpha(X_0) = \alpha(x)$. De la même manière que nous avons fait pour trouver $\alpha_1(x, \epsilon_1)$, nous obtenons $\alpha_2(X_1, \epsilon_2)$ ou bien $\alpha_2(x_1, \epsilon_1, \epsilon_2)$ sous la forme suivante :

$$\alpha_2(X_1, \epsilon_2) = \frac{1}{g_2}\left\{-c_2[\epsilon_2 - \alpha_1] - \frac{\partial V_1}{\partial \epsilon_1}g_1 - f_2 + \frac{\partial \alpha_1}{\partial X_1}(F_1 + G_1\epsilon_2)\right\} \qquad (3.22)$$

Il est clair que cette procédure se terminera à la k-ième étape dans laquelle le système strict feedback entier sera stabilisé par la commande réelle u. Avec notre notation compacte, le système entier se met sous la forme :

$$\begin{cases} \dot{X}_{k-1} = F_{k-1}(X_{k-1}) + G_{k-1}(X_{k-1})\epsilon_k \\ \dot{\epsilon}_k = f_k(X_{k-1}, \epsilon_k) + g_k(X_{k-1}, \epsilon_k)u \end{cases} \qquad (3.23)$$

Où :

$$X_{k-1} = \begin{bmatrix} X_{k-2} \\ \epsilon_{k-1} \end{bmatrix}, \quad F_{k-1}(X_{k-1}) = \begin{bmatrix} F_{k-2}(X_{k-2}) + G_{k-2}(X_{k-2})\epsilon_{k-1} \\ f_{k-1}(X_{k-2}, \epsilon_{k-1}) \end{bmatrix},$$

$$G_{k-1}(X_{k-1}) = \begin{bmatrix} 0 \\ g_{k-1}(X_{k-2}, \epsilon_{k-1}) \end{bmatrix} \qquad (3.24)$$

Et la fonction de Lyapunov candidate est :

$$V_k(x, \epsilon_1, \dots, \epsilon_k) = V_{k-1}(X_{k-1}) + \frac{1}{2}[\epsilon_k - \alpha_{k-1}(X_{k-1})]^2 \qquad (3.25)$$

Nous allons chercher u telle que $\dot{V}_k \leq -W_k \leq 0$ avec $W_k > 0$ quand $W_{k-1} > 0$ où $\epsilon_k \neq \alpha_{k-1}$:

$$\dot{V}_k = (\epsilon_k - \alpha_{k-1})\left\{f_k + g_k u - \frac{\partial \alpha_{k-1}}{\partial X_{k-1}}(F_{k-1} + G_{k-1}\epsilon_k)\right\} \quad (3.26)$$

$$\dot{V}_k \leq -W_{k-1}(X_{k-2}, \epsilon_{k-1}) + \frac{\partial V_{k-1}}{\partial \epsilon_{k-1}} g_{k-1}(\epsilon_k - \alpha_{k-1}) + (\epsilon_k - \alpha_{k-1})\left\{f_k + g_k u - \frac{\partial \alpha_{k-1}}{\partial X_{k-1}}(F_{k-1} + G_{k-1}\epsilon_k)\right\} \quad (3.27)$$

$$\dot{V}_k \leq -W_{k-1}(X_{k-2}, \epsilon_{k-1}) + (\epsilon_k - \alpha_{k-1})\left\{\frac{\partial V_{k-1}}{\partial \epsilon_{k-1}} g_{k-1} + f_k + g_k u - \frac{\partial \alpha_{k-1}}{\partial X_{k-1}}(F_{k-1} + G_{k-1}\epsilon_k)\right\} \quad (3.28)$$

$$\dot{V}_k \leq -W_k(X_{k-1}, \epsilon_k) \leq 0 \quad (3.29)$$

Si la condition de non singularité :

$$g_k(x, \epsilon_1, \ldots, \epsilon_k) \neq 0, \quad \forall \epsilon_i \in R, \quad i = 1, \ldots, k \quad (3.30)$$

est satisfaite, alors le choix le plus simple pour **u** sera :

$$u = \frac{1}{g_k}\left\{-c_k[\epsilon_k - \alpha_{k-1}] - \frac{\partial V_{k-1}}{\partial \epsilon_{k-1}} g_{k-1} - f_k + \frac{\partial \alpha_{k-1}}{\partial X_{k-1}}(F_{k-1} + G_{k-1}\epsilon_k)\right\} \quad (3.31)$$

Avec $c_k > 0$ et, d'autre part :

$$W_k \equiv W_{k-1} + c_k[\epsilon_k - \alpha_{k-1}]^2. \quad (3.32)$$

III.2.3. Cas de la commande sous contrainte de sortie

Afin de présenter la méthode, considérons un système sous forme strict feedback constitué de 3 sous-systèmes et d'une sortie comme suit :

$$\begin{cases} \dot{x}_1 = f_1(x_1) + g_1(x_1)x_2 \\ \dot{x}_2 = f_2(x_1, x_2) + g_2(x_1, x_2)x_3 \\ \dot{x}_3 = f_3(x_1, x_2, x_3) + g_3(x_1, x_2, x_3)u \end{cases} \quad (3.33)$$

$$y = x_1 \quad (3.34)$$

Si les g_i ne s'annulent pas, on peut lui appliquer la méthode backstepping que nous avons rappelée précédemment.

Si maintenant la sortie doit en plus vérifier une contrainte sous la forme $|y(t)| < Y$ pour un Y>0 donné, il a été montré dans [BES01] (puis plus récemment dans [KEN09]) que la méthode de backstepping peut toujours être appliquée, via un choix approprié de la première fonction de Lyapunov dans la procédure, sous la forme :

$$V_1(x_1) = \frac{1}{2} Log \frac{Y^2}{Y^2 - x_1^2} \quad (3.35)$$

Montrons ici comment cette procédure peut être adaptée au cas où y doit être stabilisé en y_0 tout en respectant une contrainte plus générale, de la forme

$$a < y(t) < b \tag{3.36}$$

pour a, b donnés.

Etape 1 :

Considérons tout d'abord le sous-système contenant la première équation de la dynamique

$$\dot{x}_1 = f_1(x_1) + g_1(x_1)\epsilon_1 \tag{3.37}$$

Et introduisons la fonction de Lyapunov $V_1(x_1 - y_0)$ donnée par :

$$V_1(x_1 - y_0) = \frac{1}{2}\left[Log\left(\frac{(x_1-a)(b-y_0)}{(y_0-a)(b-x_1)}\right)\right]^2, \tag{3.38}$$

On a la dérivée qui vaut :

$$\dot{V}_1(x_1 - y_0) = \left[Log\left(\frac{(x_1-a)(b-y_0)}{(y_0-a)(b-x_1)}\right)\right]\frac{(b-a)}{(x_1-a)(b-x_1)}\dot{x}_1 \tag{3.39}$$

$$\dot{V}_1(x_1 - y_0) = \left[Log\left(\frac{(x_1-a)(b-y_0)}{(y_0-a)(b-x_1)}\right)\right]\frac{(b-a)}{(x_1-a)(b-x_1)}[f_1(x_1) + g_1(x_1)x_2] \tag{3.40}$$

$$\dot{V}_1(x_1 - y_0) = \left[Log\left(\frac{(x_1-a)(b-y_0)}{(y_0-a)(b-x_1)}\right)\right]\frac{(b-a)}{(x_1-a)(b-x_1)}[f_1(x_1) + g_1(x_1)\alpha_1(x_1 - y_0)] \tag{3.41}$$

En prenant :

$$\alpha_1(x_1 - y_0) = -\frac{f_1(x_1)}{g_1(x_1)} - \frac{\tau_1}{g_1(x_1)}Log\left(\frac{(x_1-a)(b-y_0)}{(y_0-a)(b-x_1)}\right), \qquad \tau_1 > 0, \tag{3.42}$$

Donc,

$$\dot{V}_1(x_1 - y_0) = -\tau_1\frac{(b-a)}{(x_1-a)(b-x_1)}\left[Log\left(\frac{(x_1-a)(b-y_0)}{(y_0-a)(b-x_1)}\right)\right]^2, \tag{3.43}$$

$V_1(x_1 - y_0)$ sera strictement assignée.

On peut ainsi écrire $\dot{V}_1(x_1 - y_0)$ sous la forme :

$$\dot{V}_1(x_1 - y_0) = -\tau_1\frac{(b-a)}{(x_1-a)(b-x_1)}\left[Log\left(\frac{(x_1-a)(b-y_0)}{(y_0-a)(b-x_1)}\right)\right]^2 + \left(f_1(x_1) + g_1(x_1)x_2 + \tau_1 Log\left(\frac{(x_1-a)(b-y_0)}{(y_0-a)(b-x_1)}\right)\right)\left[\frac{(b-a)}{(x_1-a)(b-x_1)}Log\left(\frac{(x_1-a)(b-y_0)}{(y_0-a)(b-x_1)}\right)\right], \tag{3.44}$$

$$\dot{V}_1(x_1 - y_0) =$$

$$-\tau_1 \frac{(b-a)}{(x_1-a)(b-x_1)} \left[Log\left(\frac{(x_1-a)(b-y_0)}{(y_0-a)(b-x_1)}\right)\right]^2 +$$

$$\left(x_2 + \frac{f_1(x_1)}{g_1(x_1)} + \frac{\tau_1}{g_1(x_1)} Log\left(\frac{(x_1-a)(b-y_0)}{(y_0-a)(b-x_1)}\right)\right) \left[g_1(x_1) \frac{(b-a)}{(x_1-a)(b-x_1)} Log\left(\frac{(x_1-a)(b-y_0)}{(y_0-a)(b-x_1)}\right)\right].$$

(3.45)

Etape 2 :

Considérons le sous-système : $\begin{cases} \dot{x} = f_1(x_1) + g_1(x_1)\epsilon_1 \\ \dot{\epsilon}_1 = f_2(x_1, x_2) + g_2(x_1, x_2)\epsilon_2 \end{cases}$ (3.46)

Où ϵ_2 est le second retour stabilisant et $\boldsymbol{\alpha_2(x_1, x_2)}$ la seconde commande virtuelle.

Ainsi, en choisissant la fonction de Lyapunov $\boldsymbol{V_2(x_1 - y_0, x_2)}$ telle que :

$$V_2(x_1 - y_0, x_2) =$$

$$\frac{1}{2}\left[Log\left(\frac{(x_1-a)(b-y_0)}{(y_0-a)(b-x_1)}\right)\right]^2 + \frac{1}{2}\left[x_2 + \frac{f_1(x_1)}{g_1(x_1)} + \frac{\tau_1}{g_1(x_1)} Log\left(\frac{(x_1-a)(b-y_0)}{(y_0-a)(b-x_1)}\right)\right]^2 \quad (3.47)$$

On a :

$$\dot{V}_2(x_1 - y_0, x_2) = -\tau_1 \frac{(b-a)}{(x_1-a)(b-x_1)}\left[Log\left(\frac{(x_1-a)(b-y_0)}{(y_0-a)(b-x_1)}\right)\right]^2 + \left[x_2 + \frac{f_1(x_1)}{g_1(x_1)} + \right.$$

$$\frac{\tau_1}{g_1(x_1)} Log\left(\frac{(x_1-a)(b-y_0)}{(y_0-a)(b-x_1)}\right)\right]\left[g_1(x_1)\frac{(b-a)}{(x_1-a)(b-x_1)}Log\left(\frac{(x_1-a)(b-y_0)}{(y_0-a)(b-x_1)}\right)\right] + \left[x_2 + \frac{f_1(x_1)}{g_1(x_1)} + \right.$$

$$\frac{\tau_1}{g_1(x_1)} Log\left(\frac{(x_1-a)(b-y_0)}{(y_0-a)(b-x_1)}\right)\right]\left[\dot{x}_2 + \frac{\dot{f}_1(x_1)g_1(x_1) - f_1(x_1)\dot{g}_1(x_1)}{g_1^2(x_1)} - \right.$$

$$\frac{\tau_1 \dot{g}_1(x_1)}{g_1^2(x_1)} Log\left(\frac{(x_1-a)(b-y_0)}{(y_0-a)(b-x_1)}\right) + \frac{\tau_1}{g_1(x_1)}\frac{(b-a)}{(x_1-a)(b-x_1)}\dot{x}_1\right], \quad (3.48)$$

$$\dot{V}_2(x_1 - y_0, x_2) = -\tau_1 \frac{(b-a)}{(x_1-a)(b-x_1)}\left[Log\left(\frac{(x_1-a)(b-y_0)}{(y_0-a)(b-x_1)}\right)\right]^2 + \left[x_2 + \frac{f_1(x_1)}{g_1(x_1)} + \right.$$

$$\frac{\tau_1}{g_1(x_1)} Log\left(\frac{(x_1-a)(b-y_0)}{(y_0-a)(b-x_1)}\right)\right]\left[g_1(x_1)\frac{(b-a)}{(x_1-a)(b-x_1)}Log\left(\frac{(x_1-a)(b-y_0)}{(y_0-a)(b-x_1)}\right) + \dot{x}_2 + \right.$$

$$\frac{\dot{f}_1(x_1)g_1(x_1) - f_1(x_1)\dot{g}_1(x_1)}{g_1^2(x_1)} - \frac{\tau_1 \dot{g}_1(x_1)}{g_1^2(x_1)} Log\left(\frac{(x_1-a)(b-y_0)}{(y_0-a)(b-x_1)}\right) + \frac{\tau_1}{g_1(x_1)}\frac{(b-a)}{(x_1-a)(b-x_1)}\dot{x}_1\right], \quad (3.49)$$

$$\dot{V}_2(x_1 - y_0, x_2) = -\tau_1 \frac{(b-a)}{(x_1-a)(b-x_1)}\left[Log\left(\frac{(x_1-a)(b-y_0)}{(y_0-a)(b-x_1)}\right)\right]^2 + \left[x_2 + \frac{f_1(x_1)}{g_1(x_1)} + \right.$$

$$\frac{\tau_1}{g_1(x_1)} Log\left(\frac{(x_1-a)(b-y_0)}{(y_0-a)(b-x_1)}\right)\right]\left[\left(g_1(x_1)\frac{(b-a)}{(x_1-a)(b-x_1)} - \frac{\tau_1 \dot{g}_1(x_1)}{g_1^2(x_1)}\right)Log\left(\frac{(x_1-a)(b-y_0)}{(y_0-a)(b-x_1)}\right) + \right.$$

$$\dot{x}_2 + \frac{\dot{f}_1(x_1)g_1(x_1) - f_1(x_1)\dot{g}_1(x_1)}{g_1^2(x_1)} + \frac{\tau_1}{g_1(x_1)} \frac{(b-a)}{(x_1-a)(b-x_1)} x_2 + f_2(x_1, x_2) +$$

$$g_2(x_1, x_2)\alpha_2(x_1, x_2)\Big]. \tag{3.50}$$

$V_2(x_1 - y_0, x_2)$ sera strictement assignée en prenant :

$$\alpha_2(x_1, x_2) = \frac{1}{g_2(x_1, x_2)} \Bigg[-\left(g_1(x_1)\frac{(b-a)}{(x_1-a)(b-x_1)} - \frac{\tau_1 \dot{g}_1(x_1)}{g_1^2(x_1)}\right) Log\left(\frac{(x_1-a)(b-y_0)}{(y_0-a)(b-x_1)}\right) -$$

$$\frac{\dot{f}_1(x_1)g_1(x_1) - f_1(x_1)\dot{g}_1(x_1)}{g_1^2(x_1)} - \frac{\tau_1}{g_1(x_1)} \frac{(b-a)}{(x_1-a)(b-x_1)} x_2 - f_2(x_1, x_2) - \tau_2 \Bigg[x_2 + \frac{f_1(x_1)}{g_1(x_1)} +$$

$$\frac{\tau_1}{g_1(x_1)} Log\left(\frac{(x_1-a)(b-y_0)}{(y_0-a)(b-x_1)}\right)\Bigg]\Bigg], \tag{3.51}$$

$$\alpha_2(x_1, x_2) = -\frac{1}{g_2(x_1, x_2)} \Bigg[\left(g_1(x_1)\frac{(b-a)}{(x_1-a)(b-x_1)} - \frac{\tau_1 \dot{g}_1(x_1)}{g_1^2(x_1)}\right) Log\left(\frac{(x_1-a)(b-y_0)}{(y_0-a)(b-x_1)}\right) +$$

$$\frac{\dot{f}_1(x_1)g_1(x_1) - f_1(x_1)\dot{g}_1(x_1)}{g_1^2(x_1)} + \frac{\tau_1}{g_1(x_1)} \frac{(b-a)}{(x_1-a)(b-x_1)} x_2 + f_2(x_1, x_2) + \tau_2 \Bigg[x_2 + \frac{f_1(x_1)}{g_1(x_1)} +$$

$$\frac{\tau_1}{g_1(x_1)} Log\left(\frac{(x_1-a)(b-y_0)}{(y_0-a)(b-x_1)}\right)\Bigg]\Bigg]. \tag{3.52}$$

Donc :

$$\dot{V}_2(x_1 - y_0, x_2) = -\tau_1 \frac{(b-a)}{(x_1-a)(b-x_1)} \Bigg[Log\left(\frac{(x_1-a)(b-y_0)}{(y_0-a)(b-x_1)}\right)\Bigg]^2 - \tau_2 \Bigg[x_2 + \frac{f_1(x_1)}{g_1(x_1)} +$$

$$\frac{\tau_1}{g_1(x_1)} Log\left(\frac{(x_1-a)(b-y_0)}{(y_0-a)(b-x_1)}\right)\Bigg]^2 < 0. \tag{3.53}$$

Etape 3 :

Enfin, pour le système global :

$$\begin{cases} \dot{x}_1 = f_1(x_1) + g_1(x_1)\epsilon_1 \\ \dot{\epsilon}_1 = f_2(x_1, x_2) + g_2(x_1, x_2)\epsilon_2 \\ \dot{\epsilon}_2 = f_3(x_1, x_2, x_3) + g_3(x_1, x_2, x_3)u \end{cases} \tag{3.54}$$

Prenons pour fonction Lyapunov de commande :

$$V_3(x_1 - y_0, x_2, x_3) = V_2(x_1 - y_0, x_2) + \frac{1}{2}[\epsilon_2 - \alpha_2(x_1, x_2)]^2. \tag{3.55}$$

Nous obtenons :

$$\dot{V}_3(x_1 - y_0, x_2, x_3) = \dot{V}_2(x_1 - y_0, x_2) + (x_3 - \alpha_2(x_1, x_2))(\dot{x}_3 - \dot{\alpha}_2(x_1, x_2)). \tag{3.56}$$

Avec :

$$\dot{\alpha}_2(x_1,x_2) = -\frac{\dot{g}_2(x_1,x_2)}{g_2^2(x_1,x_2)}\left[\left(g_1(x_1)\frac{(b-a)}{(x_1-a)(b-x_1)} - \frac{\tau_1\dot{g}_1(x_1)}{g_1^2(x_1)}\right)Log\left(\frac{(x_1-a)(b-y_0)}{(y_0-a)(b-x_1)}\right) + \right.$$

$$\frac{\dot{f}_1(x_1)g_1(x_1)-f_1(x_1)\dot{g}_1(x_1)}{g_1^2(x_1)} + \frac{\tau_1}{g_1(x_1)}\frac{(b-a)}{(x_1-a)(b-x_1)}x_2 + f_2(x_1,x_2) + \tau_2\left[x_2 + \frac{f_1(x_1)}{g_1(x_1)} + \right.$$

$$\left.\left.\frac{\tau_1}{g_1(x_1)}Log\left(\frac{(x_1-a)(b-y_0)}{(y_0-a)(b-x_1)}\right)\right]\right] -$$

$$\frac{1}{g_2(x_1,x_2)}\left[\left[\left(\frac{(b-a)\dot{g}_1(x_1)(x_1-a)(b-x_1)-(b-a)(b+a-2x_1\dot{x}_1)g_1(x_1)}{(x_1-a)^2(b-x_1)^2}\right.\right.\right. -$$

$$\tau_1\frac{\ddot{g}_1(x_1)g_1(x_1)-2\dot{g}_1^2(x_1)}{g_1^3(x_1)}\right)Log\left(\frac{(x_1-a)(b-y_0)}{(y_0-a)(b-x_1)}\right) +$$

$$\left.\left(g_1(x_1)\frac{(b-a)}{(x_1-a)(b-x_1)} - \frac{\tau_1\dot{g}_1(x_1)}{g_1^2(x_1)}\right)\frac{(b-a)}{(x_1-a)(b-x_1)}\dot{x}_1\right] +$$

$$\frac{\ddot{f}_1(x_1)g_1^2(x_1)-f_1(x_1)\ddot{g}_1(x_1)g_1(x_1)-2\dot{f}_1(x_1)\dot{g}_1(x_1)g_1(x_1)+2f_1(x_1)\dot{g}_1^2(x_1)}{g_1^3(x_1)} +$$

$$\tau_2(b-a)\left(\frac{\dot{x}_2 g_1(x_1)-x_2\dot{g}_1(x_1)}{(x_1-a)(b-x_1)g_1^2(x_1)} - \frac{x_2(b+a-2x_1\dot{x}_1)}{g_1(x_1)(x_1-a)^2(b-x_1)^2}\right) + \dot{f}_2(x_1,x_2) + \tau_2\left[\dot{x}_2 + \right.$$

$$\left.\left.\frac{\dot{f}_1(x_1)g_1(x_1)-f_1(x_1)\dot{g}_1(x_1)}{g_1^2(x_1)} - \frac{\tau_1\dot{g}_1(x_1)}{g_1^2(x_1)}Log\left(\frac{(x_1-a)(b-y_0)}{(y_0-a)(b-x_1)}\right) + \frac{\tau_1}{g_1(x_1)}\frac{(b-a)}{(x_1-a)(b-x_1)}\dot{x}_1\right]\right],$$

(3.57)

$$\dot{\alpha}_2(x_1,x_2) = \frac{\dot{g}_2(x_1,x_2)}{g_2^2(x_1,x_2)}\left[\left(g_1(x_1)\frac{(b-a)}{(x_1-a)(b-x_1)} - \frac{\tau_1\dot{g}_1(x_1)}{g_1^2(x_1)}\right)Log\left(\frac{(x_1-a)(b-y_0)}{(y_0-a)(b-x_1)}\right) + \right.$$

$$\frac{\dot{f}_1(x_1)g_1(x_1)-f_1(x_1)\dot{g}_1(x_1)}{g_1^2(x_1)} + \frac{\tau_1}{g_1(x_1)}\frac{(b-a)}{(x_1-a)(b-x_1)}x_2 + f_2(x_1,x_2) + \tau_2\left[x_2 + \frac{f_1(x_1)}{g_1(x_1)} + \right.$$

$$\left.\left.\frac{\tau_1}{g_1(x_1)}Log\left(\frac{(x_1-a)(b-y_0)}{(y_0-a)(b-x_1)}\right)\right]\right] -$$

$$\frac{1}{g_2(x_1,x_2)}\left[\left[\left(\frac{(b-a)\dot{g}_1(x_1)(x_1-a)(b-x_1)-(b-a)\big(b+a-2x_1(f_1(x_1)+g_1(x_1)x_2)\big)g_1(x_1)}{(x_1-a)^2(b-x_1)^2}\right.\right.\right. -$$

$$\tau_1\frac{\ddot{g}_1(x_1)g_1(x_1)-2\dot{g}_1^2(x_1)}{g_1^3(x_1)}\right)Log\left(\frac{(x_1-a)(b-y_0)}{(y_0-a)(b-x_1)}\right) +$$

$$\left.\left(g_1(x_1)\frac{(b-a)}{(x_1-a)(b-x_1)} - \frac{\tau_1\dot{g}_1(x_1)}{g_1^2(x_1)}\right)\frac{(b-a)(f_1(x_1)+g_1(x_1)x_2)}{(x_1-a)(b-x_1)}\right] +$$

$$\frac{\ddot{f}_1(x_1)g_1^2(x_1)-f_1(x_1)\ddot{g}_1(x_1)g_1(x_1)-2\dot{f}_1(x_1)\dot{g}_1(x_1)g_1(x_1)+2f_1(x_1)\dot{g}_1^2(x_1)}{g_1^3(x_1)} +$$

$$\tau_2(b-a)\left(\frac{(f_2(x_1,x_2)+g_2(x_1,x_2)x_3)g_1(x_1)-x_2\dot{g}_1(x_1)}{(x_1-a)(b-x_1)g_1^2(x_1)} - \frac{x_2(b+a-2x_1(f_1(x_1)+g_1(x_1)x_2))}{g_1(x_1)(x_1-a)^2(b-x_1)^2}\right) +$$

$$\dot{f}_2(x_1,x_2) +$$

$$\tau_2\left[f_2(x_1,x_2) + g_2(x_1,x_2)x_3 + \frac{\dot{f}_1(x_1)g_1(x_1)-f_1(x_1)\dot{g}_1(x_1)}{g_1^2(x_1)} - \right.$$

$$\left.\frac{\tau_1\dot{g}_1(x_1)}{g_1^2(x_1)}Log\left(\frac{(x_1-a)(b-y_0)}{(y_0-a)(b-x_1)}\right) + \frac{\tau_1}{g_1(x_1)}\frac{(b-a)(f_1(x_1)+g_1(x_1)x_2)}{(x_1-a)(b-x_1)}\right]\right]. \tag{3.58}$$

Et :

$$(x_3 - \alpha_2(x_1,x_2))[\dot{x}_3 - \dot{\alpha}_2(x_1,x_2)] = (x_3 - \alpha_2(x_1,x_2))[f_3(x_1,x_2,x_3) +$$

$$g_3(x_1,x_2,x_3)u - \dot{\alpha}_2(x_1,x_2)], \tag{3.59}$$

$$(x_3 - \alpha_2(x_1,x_2))[\dot{x}_3 - \dot{\alpha}_2(x_1,x_2)] = (x_3 - \alpha_2(x_1,x_2))[f_3(x_1,x_2,x_3) -$$

$$\dot{\alpha}_2(x_1,x_2) + g_3(x_1,x_2,x_3)u]. \tag{3.60}$$

Ainsi :

$$\dot{V}_3(x_1-y_0,x_2,x_3) = -\tau_1\frac{(b-a)}{(x_1-a)(b-x_1)}\left[Log\left(\frac{(x_1-a)(b-y_0)}{(y_0-a)(b-x_1)}\right)\right]^2 - \tau_2\left[x_2 + \frac{f_1(x_1)}{g_1(x_1)} + \right.$$

$$\left.\frac{\tau_1}{g_1(x_1)}Log\left(\frac{(x_1-a)(b-y_0)}{(y_0-a)(b-x_1)}\right)\right]^2 +$$

$$\left[x_3 + \right.$$

$$\frac{1}{g_2(x_1,x_2)}\left[\left(g_1(x_1)\frac{(b-a)}{(x_1-a)(b-x_1)} - \frac{\tau_1\dot{g}_1(x_1)}{g_1^2(x_1)}\right)Log\left(\frac{(x_1-a)(b-y_0)}{(y_0-a)(b-x_1)}\right) + \right.$$

$$\frac{\dot{f}_1(x_1)g_1(x_1)-f_1(x_1)\dot{g}_1(x_1)}{g_1^2(x_1)} + \frac{\tau_1}{g_1(x_1)}\frac{(b-a)}{(x_1-a)(b-x_1)}x_2 + f_2(x_1,x_2) + \tau_2\left[x_2 + \frac{f_1(x_1)}{g_1(x_1)} + \right.$$

$$\left.\left.\frac{\tau_1}{g_1(x_1)}Log\left(\frac{(x_1-a)(b-y_0)}{(y_0-a)(b-x_1)}\right)\right]\right].\left[f_3(x_1,x_2,x_3) - \frac{\dot{g}_2(x_1,x_2)}{g_2^2(x_1,x_2)}\left[\left(g_1(x_1)\frac{(b-a)}{(x_1-a)(b-x_1)} - \right.\right.\right.$$

$$\left.\frac{\tau_1\dot{g}_1(x_1)}{g_1^2(x_1)}\right)Log\left(\frac{(x_1-a)(b-y_0)}{(y_0-a)(b-x_1)}\right) + \frac{\dot{f}_1(x_1)g_1(x_1)-f_1(x_1)\dot{g}_1(x_1)}{g_1^2(x_1)} + \frac{\tau_1}{g_1(x_1)}\frac{(b-a)}{(x_1-a)(b-x_1)}x_2 +$$

$$f_2(x_1,x_2) + \tau_2\left[x_2 + \frac{f_1(x_1)}{g_1(x_1)} + \frac{\tau_1}{g_1(x_1)}Log\left(\frac{(x_1-a)(b-y_0)}{(y_0-a)(b-x_1)}\right)\right]\right] +$$

$$\frac{1}{g_2(x_1,x_2)}\left[\left[\left(\frac{(b-a)\dot{g}_1(x_1)(x_1-a)(b-x_1)-(b-a)(b+a-2x_1(f_1(x_1)+g_1(x_1)x_2))g_1(x_1)}{(x_1-a)^2(b-x_1)^2} - \right.\right.\right.$$

$$\left.\tau_1\frac{\ddot{g}_1(x_1)g_1(x_1)-2\dot{g}_1^2(x_1)}{g_1^3(x_1)}\right)Log\left(\frac{(x_1-a)(b-y_0)}{(y_0-a)(b-x_1)}\right) +$$

$$\left. \left(g_1(x_1) \frac{(b-a)}{(x_1-a)(b-x_1)} - \frac{\tau_1 \dot{g}_1(x_1)}{g_1^2(x_1)} \right) \frac{(b-a)(f_1(x_1)+g_1(x_1)x_2)}{(x_1-a)(b-x_1)} \right] +$$

$$\frac{\ddot{f}_1(x_1)g_1^2(x_1) - f_1(x_1)\ddot{g}_1(x_1)g_1(x_1) - 2\dot{f}_1(x_1)\dot{g}_1(x_1)g_1(x_1) + 2f_1(x_1)\dot{g}_1^2(x_1)}{g_1^3(x_1)} +$$

$$\tau_2(b-a) \left(\frac{(f_2(x_1,x_2)+g_2(x_1,x_2)x_3)g_1(x_1) - x_2\dot{g}_1(x_1)}{(x_1-a)(b-x_1)g_1^2(x_1)} - \frac{x_2(b+a-2x_1(f_1(x_1)+g_1(x_1)x_2))}{g_1(x_1)(x_1-a)^2(b-x_1)^2} \right) +$$

$$\dot{f}_2(x_1,x_2) +$$

$$\tau_2 \left[f_2(x_1,x_2) + g_2(x_1,x_2)x_3 + \frac{\dot{f}_1(x_1)g_1(x_1) - f_1(x_1)\dot{g}_1(x_1)}{g_1^2(x_1)} - \right.$$

$$\left. \left. \frac{\tau_1 \dot{g}_1(x_1)}{g_1^2(x_1)} Log\left(\frac{(x_1-a)(b-y_0)}{(y_0-a)(b-x_1)}\right) + \frac{\tau_1}{g_1(x_1)} \frac{(b-a)(f_1(x_1)+g_1(x_1)x_2)}{(x_1-a)(b-x_1)} \right] + g_3(x_1,x_2,x_3)u \right],$$

$$(3.61)$$

La commande u qui rendra $V_3(x_1 - y_0, x_2, x_3)$ strictement assignable est alors :

$$u =$$

$$\frac{1}{g_3(x_1,x_2,x_3)} \left[-f_3(x_1,x_2,x_3) + \right.$$

$$\frac{\dot{g}_2(x_1,x_2)}{g_2^2(x_1,x_2)} \left[\left(g_1(x_1) \frac{(b-a)}{(x_1-a)(b-x_1)} - \frac{\tau_1 \dot{g}_1(x_1)}{g_1^2(x_1)} \right) Log\left(\frac{(x_1-a)(b-y_0)}{(y_0-a)(b-x_1)}\right) + \right.$$

$$\frac{\dot{f}_1(x_1)g_1(x_1) - f_1(x_1)\dot{g}_1(x_1)}{g_1^2(x_1)} + \frac{\tau_1}{g_1(x_1)} \frac{(b-a)}{(x_1-a)(b-x_1)} x_2 + f_2(x_1,x_2) + \tau_2 \left[x_2 + \frac{f_1(x_1)}{g_1(x_1)} + \right.$$

$$\left. \left. \frac{\tau_1}{g_1(x_1)} Log\left(\frac{(x_1-a)(b-y_0)}{(y_0-a)(b-x_1)}\right) \right] \right] -$$

$$\frac{1}{g_2(x_1,x_2)} \left[\left(\frac{(b-a)\dot{g}_1(x_1)(x_1-a)(b-x_1) - (b-a)(b+a-2x_1(f_1(x_1)+g_1(x_1)x_2))g_1(x_1)}{(x_1-a)^2(b-x_1)^2} - \right.\right.$$

$$\tau_1 \frac{\ddot{g}_1(x_1)g_1(x_1) - 2\dot{g}_1^2(x_1)}{g_1^3(x_1)} \right) Log\left(\frac{(x_1-a)(b-y_0)}{(y_0-a)(b-x_1)}\right) +$$

$$\left(g_1(x_1) \frac{(b-a)}{(x_1-a)(b-x_1)} - \frac{\tau_1 \dot{g}_1(x_1)}{g_1^2(x_1)} \right) \frac{(b-a)(f_1(x_1)+g_1(x_1)x_2)}{(x_1-a)(b-x_1)} \right] +$$

$$\frac{\ddot{f}_1(x_1)g_1^2(x_1) - f_1(x_1)\ddot{g}_1(x_1)g_1(x_1) - 2\dot{f}_1(x_1)\dot{g}_1(x_1)g_1(x_1) + 2f_1(x_1)\dot{g}_1^2(x_1)}{g_1^3(x_1)} +$$

$$\tau_2(b-a) \left(\frac{(f_2(x_1,x_2)+g_2(x_1,x_2)x_3)g_1(x_1) - x_2\dot{g}_1(x_1)}{(x_1-a)(b-x_1)g_1^2(x_1)} - \frac{x_2(b+a-2x_1(f_1(x_1)+g_1(x_1)x_2))}{g_1(x_1)(x_1-a)^2(b-x_1)^2} \right) +$$

$$\dot{f}_2(x_1,x_2) +$$

$$\tau_2 \left[f_2(x_1, x_2) + g_2(x_1, x_2) x_3 + \frac{\dot{f}_1(x_1) g_1(x_1) - f_1(x_1) \dot{g}_1(x_1)}{g_1^2(x_1)} - \right.$$

$$\left. \frac{\tau_1 \dot{g}_1(x_1)}{g_1^2(x_1)} Log\left(\frac{(x_1-a)(b-y_0)}{(y_0-a)(b-x_1)}\right) + \frac{\tau_1}{g_1(x_1)} \frac{(b-a)(f_1(x_1)+g_1(x_1)x_2)}{(x_1-a)(b-x_1)} \right] -$$

$$\tau_3 \left[x_3 + \frac{1}{g_2(x_1,x_2)} \left[\left(g_1(x_1) \frac{(b-a)}{(x_1-a)(b-x_1)} - \frac{\tau_1 \dot{g}_1(x_1)}{g_1^2(x_1)} \right) Log\left(\frac{(x_1-a)(b-y_0)}{(y_0-a)(b-x_1)}\right) + \right. \right.$$

$$\left. \left. \frac{\dot{f}_1(x_1) g_1(x_1) - f_1(x_1) \dot{g}_1(x_1)}{g_1^2(x_1)} + \frac{\tau_1}{g_1(x_1)} \frac{(b-a)}{(x_1-a)(b-x_1)} x_2 + f_2(x_1, x_2) + \tau_2 \left[x_2 + \frac{f_1(x_1)}{g_1(x_1)} + \right. \right. \right.$$

$$\left. \left. \left. \frac{\tau_1}{g_1(x_1)} Log\left(\frac{(x_1-a)(b-y_0)}{(y_0-a)(b-x_1)}\right) \right] \right] \right]. \quad (3.62)$$

Et donc :

$$\dot{V}_3(x_1 - y_0, x_2, x_3) = -\tau_1 \frac{(b-a)}{(x_1-a)(b-x_1)} \left[Log\left(\frac{(x_1-a)(b-y_0)}{(y_0-a)(b-x_1)}\right) \right]^2 - \tau_2 \left[x_2 + \frac{f_1(x_1)}{g_1(x_1)} + \right.$$

$$\left. \frac{\tau_1}{g_1(x_1)} Log\left(\frac{(x_1-a)(b-y_0)}{(y_0-a)(b-x_1)}\right) \right]^2 -$$

$$\tau_3 \left[x_3 + \frac{1}{g_2(x_1,x_2)} \left[\left(g_1(x_1) \frac{(b-a)}{(x_1-a)(b-x_1)} - \frac{\tau_1 \dot{g}_1(x_1)}{g_1^2(x_1)} \right) Log\left(\frac{(x_1-a)(b-y_0)}{(y_0-a)(b-x_1)}\right) + \right. \right.$$

$$\left. \left. \frac{\dot{f}_1(x_1) g_1(x_1) - f_1(x_1) \dot{g}_1(x_1)}{g_1^2(x_1)} + \frac{\tau_1}{g_1(x_1)} \frac{(b-a)}{(x_1-a)(b-x_1)} x_2 + f_2(x_1, x_2) + \tau_2 \left[x_2 + \frac{f_1(x_1)}{g_1(x_1)} + \right. \right. \right.$$

$$\left. \left. \left. \frac{\tau_1}{g_1(x_1)} Log\left(\frac{(x_1-a)(b-y_0)}{(y_0-a)(b-x_1)}\right) \right] \right] \right]^2 < 0. \quad (3.63)$$

En résumé :

Pour le système (3.34) - (3.35) et la fonction de Lyapunov de la forme (3.38), on a :

$$\dot{V}_1 = \left[Log\left(\frac{(x_1-a)(b-y_0)}{(y_0-a)(b-x_1)}\right) \right] \frac{b-a}{(x_1-a)(b-x_1)} \times [f_1(x_1) + g_1(x_1) x_2] \quad (3.64)$$

Ce qui conduit à définir :

$$V_2(x_1 - y_0, x_2) = \frac{1}{2} \left[x_2 + \frac{f_1(x_1)}{g_1(x_1)} + \frac{\tau_1}{g_1(x_1)} Log\left(\frac{(x_1-a)(b-y_0)}{(y_0-a)(b-x_1)}\right) \right]^2 \quad (3.65)$$

Si on poursuit la procédure de backstepping, et si on définit φ_2 ; φ_3 par les expressions suivantes :

$$\dot{V}_2 = \left[x_2 + \frac{f_1(x_1)}{g_1(x_1)} + \frac{\tau_1}{g_1(x_1)} Log\left(\frac{(x_1-a)(b-y_0)}{(y_0-a)(b-x_1)}\right) \right] \times [\varphi_2(x_1, x_2) + g_2(x_1, x_2) x_3],$$

$$V_3 = \frac{1}{2}\left[x_3 + \frac{\varphi_2(x_1,x_2)}{g_2(x_1,x_2)} + \frac{\tau_2}{g_2(x_1,x_2)}\sqrt{2V_2} + \frac{g_1(x_1)}{g_2(x_1,x_2)}\sqrt{2V_1}\frac{b-a}{(x_1-a)(b-x_1)}\right]^2,$$

$$\dot{V}_3 = \left[x_3 + \frac{\varphi_2(x_1,x_2)}{g_2(x_1,x_2)} + \frac{\tau_2}{g_2(x_1,x_2)}\sqrt{2V_2} + \frac{g_1(x_1)}{g_2(x_1,x_2)}\sqrt{2V_1}\frac{b-a}{(x_1-a)(b-x_1)}\right] \times [\varphi_3(x_1,x_2,x_3) + g_3(x_1,x_2,x_3)u] \quad (3.66)$$

on peut finalement obtenir le résultat suivant :

Proposition 3.1. *En considérant le système (3.34) avec $n=3$ et $g_i(x_1,\ldots,x_i) \geq \gamma_i > 0$ pour tous $\boldsymbol{x_1} \in\,]a;b[$ et $\boldsymbol{x_2}, \boldsymbol{x_3} \in \boldsymbol{R}$, alors, avec les notations (3.65)-(3.66), la loi de commande suivante :*

$$u = -\frac{1}{g_3(x_1,x_2,x_3)}\left[\varphi_3(x_1,x_2,x_3) + \tau_3\sqrt{2V_3} + g_2(x_1,x_2)\sqrt{2V_2}\right], \quad (3.67)$$

est bien définie pour tous $\tau_1, \tau_2, \tau_3 > 0$, et garantit que $\lim_{t\to\infty}|y(t) - y_0| = 0$ avec $a < y(t) < b$ tandis que $\boldsymbol{x_2(t)}, \boldsymbol{x_3(t)}$ restent bornés pour $t \geq 0$, et ceci quel que soit $\boldsymbol{x_1(0)} \in\,]a,b[$, $\boldsymbol{x_2(0)}, \boldsymbol{x_3(0)} \in \boldsymbol{R}$.

La démonstration découle directement de la discussion précédente vérifiant :

$$\dot{V}_1 + \dot{V}_2 + \dot{V}_3 \leq -2\tau_1 V_1 \frac{b-a}{(x_1-a)(b-x_1)} - 2\tau_2 V_2 - 2\tau_3 V_3. \quad (3.68)$$

où les $\boldsymbol{\tau_i}$ apparaissent comme des paramètres de réglage.

L'approche s'étend évidemment au cas plus général du système (3.1)-(3.5).

L'application au cas du système SMIB peut maintenant être présentée.

III.3. APPLICATION DE L'APPROCHE BACKSTEPPING SOUS CONTRAINTE A LA COMMANDE D'UN SYSTEME SMIB

III.3.1. Rappel de la problématique SMIB

Le problème de commande de la tension en sortie d'un générateur connecté à un réseau électrique SMIB déjà considéré précédemment se prête tout à fait bien à l'application de l'approche backstepping sous contrainte présentée ci-avant.

Des approches par linéarisation exacte par retour d'état (comme dans [GAO92], [WAN93], [WAN96]) ou par *backstepping* (voir [ROO01], [ROO02]) pour ce système ont en effet déjà montré qu'elles pouvaient être efficaces, *à condition de rester loin des singularités*. La méthode sous contrainte peut permettre de garantir en plus l'évitement de ces singularités.

Rappelons que le SMIB peut être schématisé comme sur la figure 32, où G correspond au générateur, V_t à sa tension terminale, V_s à la tension du bus infini et X_s à une réactance de transmission équivalente.

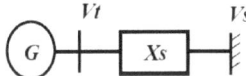

Fig. 32: Schéma « SMIB »

Ce système est classiquement représentable par un modèle non linéaire d'ordre 3 de la forme (Cf Chapitre I, équation (1.30)) :

$$\begin{cases} \dot{\delta}(t) = \omega(t) \\ \dot{\omega}(t) = -\frac{\omega_0}{2H}\frac{x_d - x'_d}{x_{ds} x'_{ds}} V_s^2 cos(\delta(t)) sin(\delta(t)) - \frac{D}{H}\omega(t) - \frac{\omega_0}{2H}\frac{V_s}{x'_{ds}} E'_q(t) sin(\delta(t)) + \frac{\omega_0}{2H} P_{m0} \\ \dot{E}'_q(t) = -\frac{1}{T_{d0}}\frac{(x_d - x'_d)}{x'_{ds}} V_s cos(\delta(t)) - \frac{1}{T_{d0}}\frac{x_{ds}}{x'_{ds}} E'_q(t) + \frac{1}{T_{d0}} k_c u_f(t) \end{cases}$$

En prenant $\delta(t) = x_1(t)$, $\omega(t) = x_2(t)$ et $E'_q(t) = x_3(t)$, le modèle (1.30) peut donc finalement être ré-écrit :

$$\begin{cases} \dot{x}_1(t) = x_2(t) \\ \dot{x}_2(t) = -\frac{\omega_0}{2H}\frac{x_d - x'_d}{x_{ds}x'_{ds}}V_s^2 \sin(x_1(t))\cos(x_1(t)) - \frac{D}{H}x_2(t) - \frac{\omega_0}{2H}\frac{V_s}{x'_{ds}}\sin(x_1(t))x_3(t) + \frac{\omega_0}{2H}P_{m0} \\ \dot{x}_3(t) = -\frac{1}{T_{d0}}\frac{(x_d - x'_d)}{x'_{ds}}V_s \cos(x_1(t)) - \frac{1}{T_{d0}}\frac{x_{ds}}{x'_{ds}}x_3(t) + \frac{1}{T_{d0}}k_c u(t) \end{cases}$$

(3.69)

Ou encore :

$$\begin{cases} \dot{x}_1(t) = x_2(t) \\ \dot{x}_2(t) = \alpha_2 \sin(x_1(t))\cos(x_1(t)) + \beta_2 x_2(t) + \gamma_2 \sin(x_1(t))x_3(t) + \rho_2. \\ \dot{x}_3(t) = \alpha_3 \cos(x_1(t)) + \gamma_3 x_3(t) + \vartheta u(t) \end{cases}$$

(3.70)

avec $\alpha_i, \beta_i, \gamma_i, \rho_i, \vartheta$ des paramètres constants directement issus des équations (3.69).

$\alpha_2 = -\frac{\omega_0}{2H}\frac{x_d - x'_d}{x_{ds}x'_{ds}}V_s^2$; $\beta_2 = -\frac{D}{H}$; $\gamma_2 = -\frac{\omega_0}{2H}\frac{V_s}{x'_{ds}}$; $\rho_2 = \frac{\omega_0}{2H}P_{m0}$;

$\alpha_3 = -\frac{1}{T_{d0}}\frac{(x_d - x'_d)}{x'_{ds}}V_s$; $\gamma_3 = -\frac{1}{T_{d0}}\frac{x_{ds}}{x'_{ds}}$; $\vartheta = \frac{1}{T_{d0}}k_c$

(3.71)

Déjà, il est de la forme : $\dot{x} = f(x) + g(x)u$, $x \in R^n$, $u \in R$ (on suppose que $f(0,0) = 0$) mais de plus, il est sous forme strict feedback dont la forme générale est donnée en (3.34) du paragraphe précédent (avec les fonctions f_i, g_i découlant également directement des équations (3.70)).

$f_1(x_1) = 0$; $g_1(x_1) = 1$;

$f_2(x_1, x_2) = \alpha_2 \sin(x_1(t))\cos(x_1(t)) + \beta_2 x_2(t) + \rho_2$; $g_2(x_1, x_2) = \gamma_2 \sin(x_1(t))$;

$f_3(x_1, x_2, x_3) = \alpha_3 \cos(x_1(t)) + \gamma_3 x_3(t)$; $g_3(x_1, x_2, x_3) = \vartheta$. (3.72)

La procédure backstepping peut donc être utilisée avec x_1 comme sortie, à condition que $sin(x_1)$ ne s'annule pas, c'est-à-dire par exemple que x_1 reste confiné dans $]0, \pi[$.

Il est clair que les valeurs multiples de π sont ici des singularités pour la commande. Néanmoins en considérant n'importe quelle référence $y_0 \in]0, \pi[$ pour l'angle x_1, la procédure constructive du paragraphe précédent s'appuyant sur les équations (3.65)-

(3.66)-(3.67) peut donner une loi de commande explicite pour que x_1 suive y_0 tout en restant dans $]0, \pi[$.

En remarquant que la tension de sortie du générateur dépend directement de δ, cette méthode donne aussi une façon de contrôler explicitement cette tension.

III.3.2. Synthèse de commande par backstepping sous contrainte

En appliquant directement les résultats des calculs développés dans le cas général au paragraphe précédent, on obtient :

$\dot{f}_1(x_1) = 0; \qquad \dot{g}_1(x_1) = 0;$

$\dot{f}_2(x_1, x_2) = 2\alpha_2 cos^2(x_1(t)) + \beta_2 \dot{x}_2(t) - \alpha_2,$

$\dot{f}_2(x_1, x_2) = 2\alpha_2 cos^2(x_1(t)) + \beta_2(f_2(x_1, x_2) + g_2(x_1, x_2)x_3) - \alpha_2,$

$\dot{f}_2(x_1, x_2) = 2\alpha_2 cos^2(x_1(t)) + \beta_2 \left(\alpha_2 sin(x_1(t))cos(x_1(t)) + \beta_2 x_2(t) + \rho_2 + \gamma_2 sin(x_1(t))x_3(t)\right) - \alpha_2,$

$\dot{f}_2(x_1, x_2) = 2\alpha_2 cos^2(x_1(t)) + \beta_2 \alpha_2 sin(x_1(t))cos(x_1(t)) + \beta_2^2 x_2(t) + \beta_2 \gamma_2 sin(x_1(t))x_3(t) + \beta_2 \rho_2 - \alpha_2.$

$\dot{g}_2(x_1, x_2) = \gamma_2 cos(x_1(t))$ \hfill (3.73)

La loi de commande u est donc :

$u =$

$\frac{1}{\vartheta} \Bigg[-\alpha_3 cos x_1 - \gamma_3 x_3 +$

$\frac{\gamma_2 cos x_1}{\gamma_2^2 sin^2 x_1} \Bigg[\frac{(b-a)}{(x_1-a)(b-x_1)} Log\left(\frac{(x_1-a)(b-y_0)}{(y_0-a)(b-x_1)}\right) + \tau_1 \frac{(b-a)}{(x_1-a)(b-x_1)} x_2 + \alpha_2 sin x_1 cos x_1 +$

$\beta_2 x_2 + \rho_2 + \tau_2 \left[x_2 + \tau_1 Log\left(\frac{(x_1-a)(b-y_0)}{(y_0-a)(b-x_1)}\right) \right] \Bigg] -$

$\frac{1}{\gamma_2 sin x_1} \Bigg[\left[\left(\frac{-(b-a)(b+a-2x_1 x_2)}{(x_1-a)^2(b-x_1)^2}\right) Log\left(\frac{(x_1-a)(b-y_0)}{(y_0-a)(b-x_1)}\right) + \frac{(b-a)^2 x_2}{(x_1-a)^2(b-x_1)^2} \right] + \tau_2(b-$

$a) \left(\frac{\alpha_2 sin x_1 cos x_1 + \beta_2 x_2 + \rho_2 + \gamma_2 sin x_1 x_3}{(x_1-a)(b-x_1)} - \frac{x_2(b+a-2x_1 x_2)}{(x_1-a)^2(b-x_1)^2}\right) + 2\alpha_2 cos^2 x_1 +$

$$\beta_2\alpha_2 sinx_1 cosx_1 + \beta_2^2 x_2 + \beta_2\gamma_2 sinx_1 x_3 + \beta_2\rho_2 - \alpha_2 + \tau_2\left[\alpha_2 sinx_1 cosx_1 + \right.$$

$$\left.\beta_2 x_2 + \rho_2 + \gamma_2 sinx_1 x_3 + \tau_1 \frac{(b-a)x_2}{(x_1-a)(b-x_1)}\right]\Bigg] -$$

$$\tau_3\left[x_3 + \frac{1}{\gamma_2 sinx_1}\left[\frac{(b-a)}{(x_1-a)(b-x_1)} Log\left(\frac{(x_1-a)(b-y_0)}{(y_0-a)(b-x_1)}\right) + \tau_1 \frac{(b-a)x_2}{(x_1-a)(b-x_1)} + \alpha_2 sinx_1 cosx_1 + \right.\right.$$

$$\left.\left.\beta_2 x_2 + \rho_2 + \tau_2\left[x_2 + \tau_1 Log\left(\frac{(x_1-a)(b-y_0)}{(y_0-a)(b-x_1)}\right)\right]\right]\right]. \tag{3.74}$$

Ou encore :

$$u = \frac{1}{\vartheta}\left[-\alpha_3 cosx_1 - \gamma_3 x_3 + \frac{cosx_1}{\gamma_2 sin^2 x_1}\left[\frac{(b-a)}{(x_1-a)(b-x_1)} Log\left(\frac{(x_1-a)(b-y_0)}{(y_0-a)(b-x_1)}\right) + \right.\right.$$

$$\tau_1 \frac{(b-a)}{(x_1-a)(b-x_1)} x_2 + \alpha_2 sinx_1 cosx_1 + \beta_2 x_2 + \rho_2 + \tau_2\left[x_2 + \tau_1 Log\left(\frac{(x_1-a)(b-y_0)}{(y_0-a)(b-x_1)}\right)\right]\Bigg] +$$

$$\frac{1}{\gamma_2 sinx_1}\left[\left[\left(\frac{(b-a)(b+a-2x_1 x_2)}{(x_1-a)^2(b-x_1)^2}\right) Log\left(\frac{(x_1-a)(b-y_0)}{(y_0-a)(b-x_1)}\right) - \frac{(b-a)^2 x_2}{(x_1-a)^2(b-x_1)^2}\right] + \tau_2(b-$$

$$a)\left(\frac{\alpha_2 sinx_1 cosx_1 + \beta_2 x_2 + \rho_2 + \gamma_2 sinx_1 x_3}{(x_1-a)(b-x_1)} - \frac{x_2(b+a-2x_1 x_2)}{(x_1-a)^2(b-x_1)^2}\right) - 2\alpha_2 cos^2 x_1 -$$

$$\beta_2\alpha_2 sinx_1 cosx_1 - \beta_2^2 x_2 - \beta_2\gamma_2 sinx_1 x_3 - \beta_2\rho_2 + \alpha_2 - \tau_2\left[\alpha_2 sinx_1 cosx_1 + \right.$$

$$\left.\beta_2 x_2 + \rho_2 + \gamma_2 sinx_1 x_3 + \tau_1 \frac{(b-a)x_2}{(x_1-a)(b-x_1)}\right]\Bigg] -$$

$$\tau_3\left[x_3 + \frac{1}{\gamma_2 sinx_1}\left[\frac{(b-a)}{(x_1-a)(b-x_1)} Log\left(\frac{(x_1-a)(b-y_0)}{(y_0-a)(b-x_1)}\right) + \tau_1 \frac{(b-a)x_2}{(x_1-a)(b-x_1)} + \alpha_2 sinx_1 cosx_1 + \right.\right.$$

$$\left.\left.\beta_2 x_2 + \rho_2 + \tau_2\left[x_2 + \tau_1 Log\left(\frac{(x_1-a)(b-y_0)}{(y_0-a)(b-x_1)}\right)\right]\right]\right] \tag{3.75}$$

Application numérique

En vue d'une illustration en simulation de l'effet de ces commandes, les valeurs numériques suivantes sont considérées :

- les paramètres du modèle issus du cas d'étude de [ROO03], et résumés ci-après (avec a et b comme dans l'équation (2.39) et $y = x_1$) :

$f_0 = 50Hz$; $\omega_0 = 314{,}159 rad/s$; $K_D = D = 5pu$; $H = 4pu.s$; $T'_{d0} = 8s$; $k_c = 200pu$; $x_d = 1{,}81pu$; $x'_d = 0{,}3pu$; $x_T = 0{,}15pu$; $x_{L1} = 0{,}5pu$; $x_{L2} = 0{,}93pu$; $x_{ds} = x_T + x_d + \frac{x_{L2}x_{L1}}{x_{L2}+x_{L1}} = 2{,}28518$; $x'_{ds} = x_T + x'_d + \frac{x_{L2}x_{L1}}{x_{L2}+x_{L1}} = 0{,}77518$; $x_s = x_T + \frac{x_{L2}x_{L1}}{x_{L2}+x_{L1}} = 0{,}47518$; $max|k_c u_f(t)| = 7pu$; $\delta_0 = 67{,}5° = 1{,}18 rad$; $P_{m0} = 0{,}9pu$; $V_{t0} = 1{,}0pu$; $a = 0{,}1 rad$; $b = (\pi - 0{,}1)rad$; $y_0 = \delta_0$

Ce qui donne :

$$\alpha_2 = 45.1 \,;\, \beta_2 = -1.25 \,;\, \rho_2 = 35.3 \,;\, \gamma_2 = -62.7 \,;$$
$$\alpha_3 = 0.371 \,;\, \gamma_3 = -0.516 \,;\, \vartheta = 0.145 \,;$$
$$x(0) = (pi/2 \quad 0 \quad -\rho_2/\gamma_2)^T \,;$$

- une loi de commande pour δ selon les équations (3.65)-(3.66)-(3.67), avec :

$f_1 = 0, g_1 = 1$;
$f_2 = \alpha_2 \sin(x_1(t))\cos(x_1(t)) + \beta_2 x_2(t) + \rho_2$;
$g_2 = \gamma_2 \sin(x_1(t))$;
$f_3 = \alpha_3 \cos(x_1(t)) + \gamma_3 x_3(t)$; $\qquad g_3 = \vartheta$

et des paramètres de commande choisis ici comme suit : $\tau_1 = 1, \tau_2 = 1, \tau_3 = 50$.
La commande est explicitée ci-dessous :

$u =$

$\frac{1}{0{,}14493}\Bigg[-0{,}37143 \cos x_1 + 0{,}51635 x_3 -$

$\frac{\cos x_1}{62{,}6664 \sin^2 x_1} \Bigg[\frac{\pi-0{,}2}{(x_1-0{,}1)(\pi-0{,}1-x_1)} Log\left(\frac{(x_1-0{,}1)(\pi-0{,}1-y_0)}{(y_0-0{,}1)(\pi-0{,}1-x_1)}\right) + \frac{\pi-0{,}2}{(x_1-0{,}1)(\pi-0{,}1-x_1)} x_2 +$

$45{,}0775 \sin x_1 \cos x_1 - 0{,}25 x_2 + 35{,}3429 + Log\left(\frac{(x_1-0{,}1)(\pi-0{,}1-y_0)}{(y_0-0{,}1)(\pi-0{,}1-x_1)}\right) \Bigg] -$

$\frac{1}{62{,}6664 \sin x_1} \Bigg[\left[\left(\frac{(\pi-0{,}2)(\pi-2x_1 x_2)}{(x_1-0{,}1)^2(\pi-0{,}1-x_1)^2}\right) Log\left(\frac{(x_1-0{,}1)(\pi-0{,}1-y_0)}{(y_0-0{,}1)(\pi-0{,}1-x_1)}\right) -$

$$\frac{(\pi-0,2)^2}{(x_1-0,1)^2(\pi-0,1-x_1)^2}x_2\Big] + (\pi - 0,1)\left(\frac{45,0775\sin x_1 \cos x_1 - 1,25x_2 + 35,3429 - 62,6664\sin x_1 x_3}{(x_1-0,1)(\pi-0,1-x_1)} - \frac{x_2(\pi-2x_1x_2)}{(x_1-0,1)^2(\pi-0,1-x_1)^2}\right) - 90,155\cos^2 x_1 - 101,424375\sin x_1 \cos x_1 - 0,3125x_2 + 140,9994\sin x_1 x_3 - 34,444 - \frac{(\pi-0,2)x_2}{(x_1-0,1)(\pi-0,1-x_1)}\Bigg] -$$

$$50\Bigg[x_3 - \frac{1}{62,6664\sin x_1}\Bigg[\frac{(\pi-0,2)}{(x_1-0,1)(\pi-0,1-x_1)}Log\left(\frac{(x_1-0,1)(\pi-0,1-y_0)}{(y_0-0,1)(\pi-0,1-x_1)}\right) + \frac{(\pi-0,2)x_2}{(x_1-0,1)(\pi-0,1-x_1)} + 45,0775\sin x_1 \cos x_1 - 1,25x_2 + 35,3429 + x_2 + Log\left(\frac{(x_1-0,1)(\pi-0,1-y_0)}{(y_0-0,1)(\pi-0,1-x_1)}\right)\Bigg]\Bigg].$$

(3.76)

III.3.3. Résultats de simulation

Sur cette base, l'approche de commande proposée sera illustrée dans trois contextes différents :

Cas 1 : tout d'abord la commande directe de l'angle, comme application directe de la proposition 3.1 ;

Cas 2 : deuxièmement la commande de la tension, comme illustration d'application pratique de cette approche ;

Cas 3 : enfin, le même problème de régulation de tension, mais en présence d'incertitudes dans le modèle et de courts-circuits imprévus, comme illustration de robustesse.

Pour le premier cas, des résultats de simulation sont donnés par la figure 33, où il est clair que l'angle $\boldsymbol{\delta}$ peut effectivement être piloté à loisir, et même très proche des valeurs singulières qui sont $\mathbf{0}$ ou $\boldsymbol{\pi}$ ici.

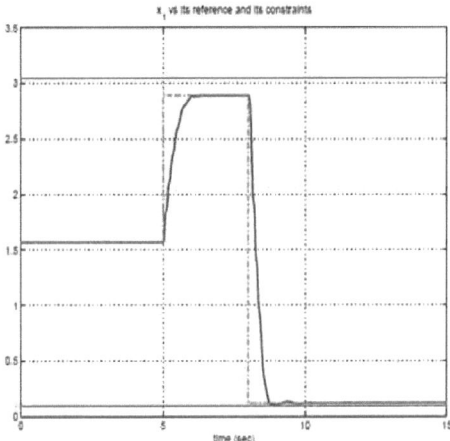

Fig. 33: Sortie $y=\delta$ (en continu), sa référence (-.) et ses contraintes (-), cas 1

Pour le deuxième cas, on utilise l'expression suivante pour la tension du générateur :

$$V_t = \frac{1}{x_{ds}} \sqrt{x_s^2(E_q^2 + V_s^2) + 2x_d x_s x_{ds} P_e \cot(\delta)},$$

avec : $P_e = \frac{1}{x_{ds}} V_s E_q \sin(\delta)$,

et : $E_q = \frac{x_{ds}}{x'_{ds}} E'_q - \frac{x_d - x'_d}{x'_{ds}} V_s \cos(\delta)$. (3.77)

Étant donnée une référence V_r, la consigne y_0 pour l'angle δ est simplement choisie pour que l'état stationnaire réalisé corresponde à $V_t = V_r$.

Quelques résultats de simulations correspondants, incluant une situation extrême où V_t demande un angle très proche de sa borne inférieure 0,1 sont présentés sur la figure 34 pour le suivi de la tension, et la figure 35 pour le suivi de l'angle correspondant.

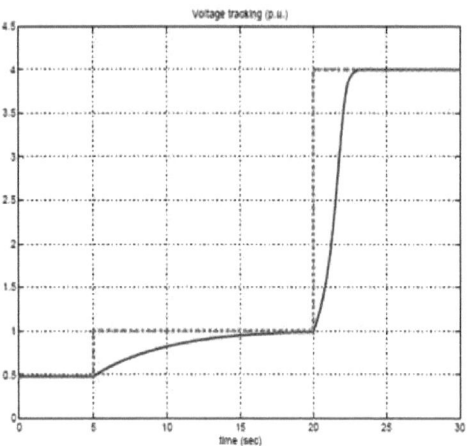

Fig. 34: Tension terminale V_t (en continu) et sa référence (en pointillés), cas 2

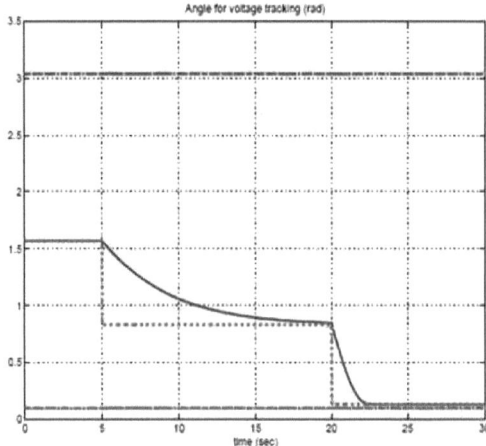

Fig. 35: Angle de puissance δ (en continu) et sa référence (pointillés) choisie en vue du suivi de tension, cas 2

On peut remarquer à ce stade que cette stratégie ne permet a priori pas de suivi d'une consigne de tension en présence de perturbations, et y remédier en ajoutant une *action intégrale* à la commande de la façon suivante : la référence y_0 pour δ est choisie telle que :

$$V_t = -\tau_i \int_0^t (V_{t0}(s) - V_r) ds + V_r \qquad (3.78)$$

pour $\tau_i > 0$ et $\boldsymbol{V_{t0}}$ la tension terminale courante – éventuellement perturbée (c'est-à-dire $V_{t0} = V_t + d$ pour une perturbation possible $\boldsymbol{d}$).

Ceci garantit en effet que $v_i = \int_0^t (V_{t0}(s) - V_r) ds$ satisfait :

$$\dot{v}_i = -\tau_i v_i + d, \qquad (3.79)$$

donc suit une dynamique stable, et telle qu'en régime statique, $\boldsymbol{V_{t0}}$ atteigne $\boldsymbol{V_r}$.

Des résultats de simulation correspondant à des exemples de perturbations en tension de type échelon, d'amplitude particulièrement grande (à des fins d'illustration), et à deux reprises ($t = 0{,}2s, t = 10s$) sont présentés sur la figure 36 (où $\tau_i = 0.5$) : on y voit clairement que la consigne est bien suivie.

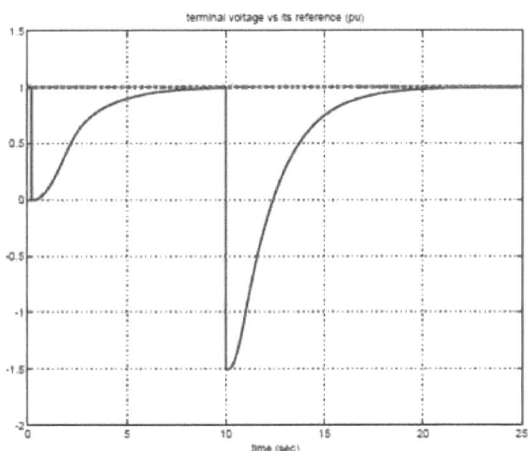

Fig. 36: Tension terminale $\boldsymbol{V_t}$ (en continu) et sa référence (en pointillés) avec perturbations de tension, cas 2

On peut également voir comment l'angle est adapté dans ce cas, via l'action intégrale, pour rejeter l'effet de la perturbation sur la tension contrôlée (et ceci même en s'approchant de sa borne minimale) sur la figure 37.

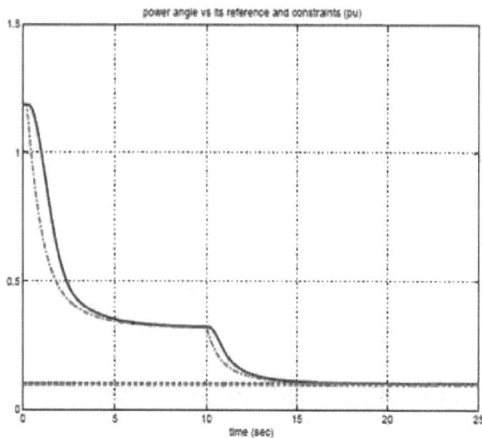

Fig. 37: Angle de puissance δ (en continu), sa référence (en discontinu) et sa borne inférieure, avec perturbation de tension, cas 2

Enfin, des simulations ont aussi été effectuées en présence d'incertitudes dans le modèle, soit pour illustrer l'effet d'erreurs paramétriques dans la commande, soit pour évaluer l'effet de défauts imprévus de type courts-circuits en cours de fonctionnement.

Pour le cas d'erreurs de modèle, des résultats de simulation sont présentés à la figure 38, correspondant à la situation précédente de « grande perturbation » de tension, mais avec en plus des erreurs dans les paramètres électriques de quelques pourcents (plus précisément -12% sur x_d, +10% sur x'_d, +5% sur x_{ds} et -10% sur x'_{ds}) : on peut constater que l'effet des erreurs paramétriques simulées est tout d'abord compensé, de même que celui des perturbations ensuite.

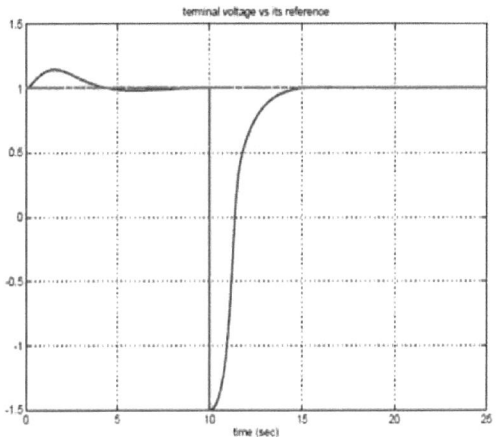

Fig. 38: Tension terminale V_t (en continu) et sa référence (en pointillés) avec erreurs paramétriques et perturbation de tension, cas 3

Le suivi de l'angle correspondant est présenté sur la figure 39.

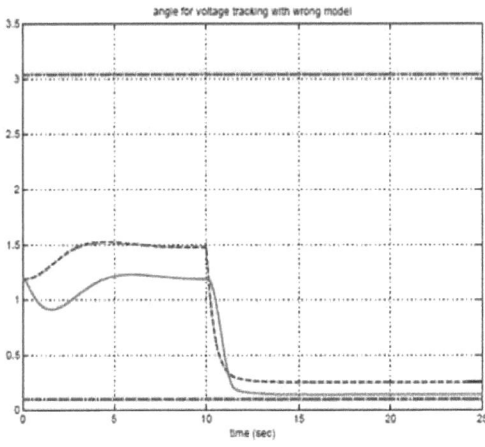

Fig. 39: Angle de puissance δ (en continu) et sa référence (en pointillés) avec les bornes admissibles (en discontinu), cas 3

Pour une situation plus significative, le scénario d'erreurs paramétriques est remplacé par la simulation des courts-circuits imprévus : le scénario consiste d'abord en un court-circuit à $t = 0,5s$, correspondant à l'annulation de la tension V_s du générateur, et après un certain temps, à un retour à un mode de fonctionnement en tension, par la suppression de la ligne défaillante, et donc une réactance de ligne équivalente différente.

Quand la durée du court-circuit T_{sc} est suffisament courte, son effet sur l'angle est relativement limité et peut facilement être compensée par la commande proposée : ceci est illustré par les figures 40 à 42 correspondant à $T_{sc} = 20ms$, où la figure 40 présente la tension contrôlée, la figure 41 la fréquence correspondante, et la figure 42 la commande requise (tension d'excitation).

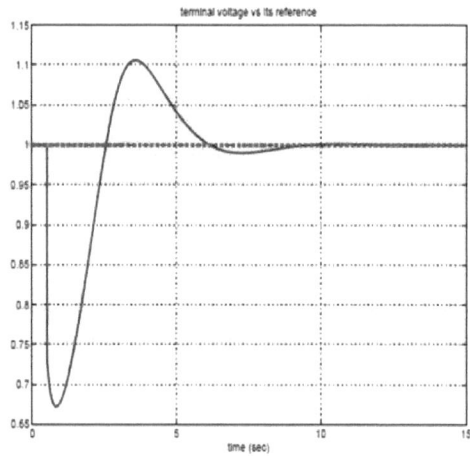

Fig. 40: Tension terminale V_t (en continu) et sa référence (en pointillés)

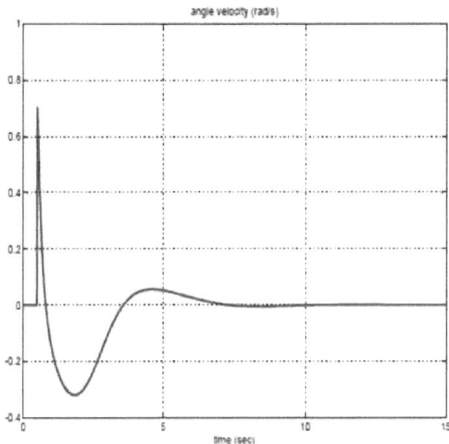

Fig. 41: Vitesse angulaire ω avec court-circuit de 20ms

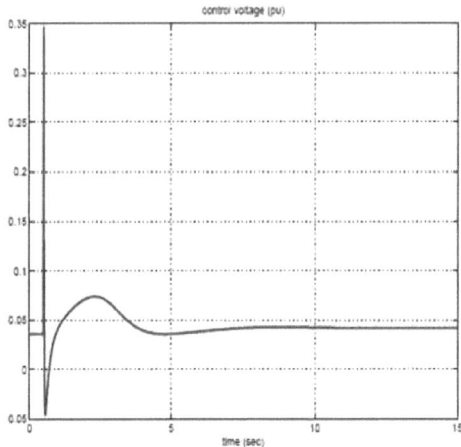

Fig. 42: Commande *u* avec court-circuit de 20ms

Pour des courts-circuits plus longs, l'angle peut être amené à sortir de ses limites admissibles]*a*, *b*[, mais la commande proposée le maintient dans l'intervalle pré-spécifié : ceci est illustré par les figures 43 à 46 correspondant à une durée de court-circuit plutôt longue pour être illustratif, $T_{sc} = 220ms$, pour laquelle l'angle approche beaucoup sa borne *b* (comme on peut le voir sur la figure 43).

Il est évident que contraindre l'angle à rester dans sa région se fait dans ce cas au prix de transitoires de grande amplitude sur la variable de commande (comme on peut le voir sur la figure 46) - ainsi que sur ω (illustré par la figure 45), et le comportement final doit être un compromis entre de grandes variations de tensions d'excitation et de grandes variations de l'angle de puissance.

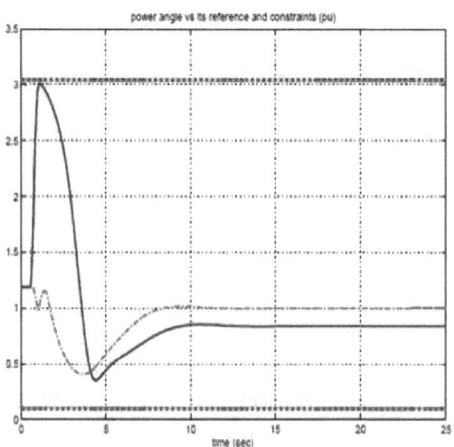

Fig. 43: Angle de puissance δ (en continu), sa référence (en pointillés) et ses contraintes avec court-circuit de 220ms

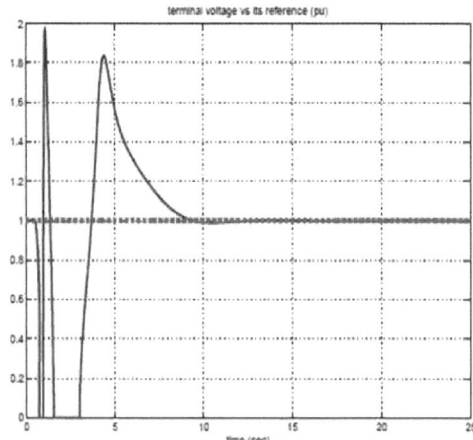

Fig. 44: Tension terminale V_t (en continu) et sa référence (en pointillés) avec court-circuit de 220ms

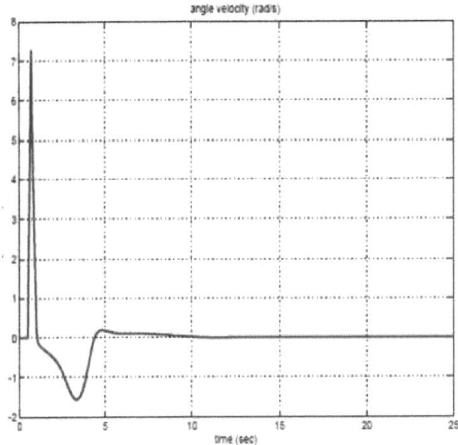

Fig. 45: Vitesse angulaire ω avec court-circuit de 220ms

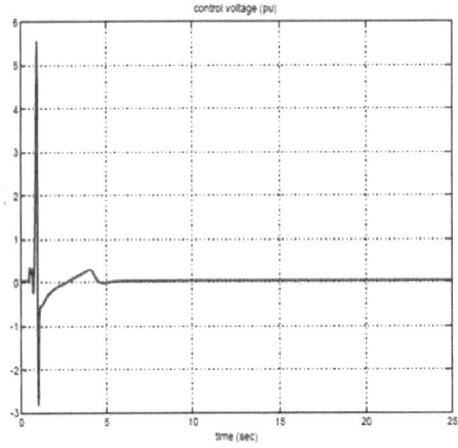

Fig. 46: Commande *u* avec court-circuit de 220ms

Conclusions

Une stratégie de synthèse explicite de commande par *backstepping* avec contraintes sur la sortie a été mise en évidence, permettant de stabiliser un système autour d'un fonctionnement pré-spécifié, tout en contraignant l'évolution de la sortie contrôlée, et donc en évitant éventuellement en même temps des singularités pour la commande.

On peut souligner ici que le même effet bénéfique pourra être obtenu vis-à-vis des singularités pour l'*observation*, qui peuvent se produire aussi dans le contexte non linéaire [BES07], comme ceci a déjà été souligné dans [BES01]. En conséquence, une extension naturelle de ce travail est l'obtention d'*observateurs* et des lois de commande par *retour de sortie* en présence de singularités. Cette approche peut ainsi donner des solutions alternatives à certaines approches déjà proposées pour ce type de problème dans le cas de générateurs synchrones par exemple [LEO02], [MAY04]. Des extensions ultérieures au cas adaptatif comme dans [DAM04], ou en présence de FACTS comme dans [CON05], [MAN08] peuvent enfin être envisagées.

III.4. EXTENSIONS A D'AUTRES SYSTEMES

Dans le présent paragraphe, le but est de continuer à mettre l'accent sur les potentialités des fonctions barrières en commande, en particulier suivant [BES12], en mettant l'accent sur différentes classes de systèmes auxquels une telle approche peut s'appliquer : d'une part une classe de systèmes répondant à une propriété connue comme *passivité,* pour lesquels il est montré comment les mêmes techniques peuvent favoriser la garantie des contraintes de sortie; d'autres part des systèmes soumis à des contraintes d'interconnexion pour lesquels des méthodes similaires peuvent donner une stabilisation.

Des exemples plus concrets illustrent ces résultats.

III.4.1. Conception basée sur la Passivité

L'idée principale développée ci-avant peut aussi être utilisée pour concevoir – ou redéfinir – des lois de commande de manière à garantir des contraintes de sortie pour les systèmes qui satisfont une certaine condition de passivité [KHA02].

Considérons en effet un système avec la forme ci-dessous :
$$\dot{x}(t) = f(x(t)) + g(x(t))u(t),$$

$y(t) = h(x(t))$, (3.80)

Avec $x \in R^n$; $u \in R$; $y \in R$ et f; g; h des fonctions lisses.

Puis, avec la notation habituelle pour les produits dérivés de Lie (voir par exemple [ISI95]), on a ce qui suit :

Proposition 3.2. *Supposons que :*

- $L_g h(x)$ *(degré relatif supérieur à 1)*
- $\exists k : \cap \to R$ *lisse, et des fonctions définies positives* $V; W : \cap \to R$ *pour certains* $\cap \to R^n$ *contenant 0 tels que* : $L_f V(x) + L_g V(x) k(x) \leq -W(x)$, $\forall x \in \cap$ *(stabilisabilité avec $\cap$ comme région d'attraction)*
- $L_g V(x) = h(x)$ *ou* $L_g V(x) = L_f h(x)$, $\forall x \in \cap$ *(passivité de sortie par rapport à $h(x)$ ou $L_f h(x)$).*

Alors pour tout $\cap_c = \{x \in R^n : |h(x)| < c\} \subset \cap$ *contenant 0, $c > 0$, il existe l tel que le système piloté par $u = k(x) + l(x)$ satisfait $\lim_{t \to \infty} \|x\| = 0$ et $|y(t)| < c$ pour tout $x(0) \in \cap_c$ et $t \geq 0$.*

Notez que si $\cap = R^n$, ce qui correspond grosso modo à un résultat de stabilisation globale, *semi-globalement par rapport à* $h(x)$. La preuve résulte facilement de l'utilisation d'une fonction de Lyapunov modifiée de la forme $\bar{V}(x) = V(x) + V_1(h(x))$ avec V_1 comme dans (3.35), $Y = c$.

En effet, cela donne avec $u = k(x) + l(x)$:

$$\dot{\bar{V}}(x) \leq -W(x) + L_g V l(x) + \frac{h(x)}{c^2 - h^2(x)} L_f h(x),$$

à partir de laquelle on peut choisir $l(x) = -\frac{L_f h(x)}{c^2 - h^2(x)}$ si $L_g V = h$, et $l(x) = -\frac{h(x)}{c^2 - h^2(x)}$ si $L_g V = L_f h$, pour conclure.

Notez que le résultat s'étend facilement aux systèmes MiMo.

III.4.2. Conception basée sur l'interconnexion

Il est bien connu que les contraintes de *petit gain* peuvent permettre d'étendre des synthèses séparées à des résultats interconnectés (voir par exemple [ISI95]), et donc une autre application des fonctions barrières peut être la conception des commandes pour les systèmes interconnectés.

Pour l'illustrer, considérons par exemple un système :

$$\dot{x}_1 = f_1(x_1) + g_1(x_1)u_1,$$
$$\dot{x}_2 = f_2(x_2) + g_2(x_2)u_2 + d(x_1, x_2). \tag{3.81}$$

pour certains f_i, g_i, d lisses, les états $x_i \in R^{n_i}$ (de x) et la commande $u_i \in R$. Ensuite, on peut déclarer ce qui suit :

Proposition 3.3. *Supposons que :*

- $\exists k_i : \cap_i \to R$ *lisse, et des fonctions définies positives* V_i, $W_i : \cap_i \to R$ *pour certains* $\cap_i \to R^{n_i}$ *contenant* 0 *tels que* $L_{f_i}V_i(x_i) + L_{g_i}V_i(x_i)k_i(x_i) \leq -W_i(x_i)$, $\forall x_i \in \cap_i$, $i = 1, 2$ *(stabilisabilité des sous-systèmes sur i resp.) ;*

- $L_d V_2(x_2) \leq$
  $\gamma_1(x_1, x_2)W_1(x_1) + \gamma_2(x_1, x_2)W_2(x_2) + \gamma_3(x_1, x_2)\sqrt{W_1(x_1)}\sqrt{W_2(x_2)}$ *pour* $x_i \in \cap_i$ *et un certain* $\gamma_i(x_1, x_2) = \bar{\gamma}_i(h_1(x_1), h_2(x_2))$ *continu :* $\bar{\gamma}_i(0,0) = 0$, *pour un certain* $h_i : R^{n_i} \to R$, $i = 1, 2$ *ou* 3 *quand elle est définie ;*

- *pour* $i \in \{1, 2\}$ *de telle sorte que* $\exists j : \frac{\partial \gamma_j}{\partial x_i} \neq 0$, $L_{g_i}h_i(x_i) = 0$ *et* $L_{g_i}V_i(x_i) = h_i(x_i)$ *ou* $L_{g_i}h_i(x_i)$, $\forall x_i \in \cap_i$ *;*

Alors, si $\frac{\partial \gamma_j}{\partial x_i} \neq 0$ *seulement pour* $j \neq 2$ *et un certain i, pour tout* $\cap_{ci} = \{x_i \in R^{n_i} : |h_i(x_i)| < c_i\} \subset \cap_i$ *contenant* 0, *il existe* $l_i : \cap_{ci} \to R$ *telle que :* $u_r = k_r(x_r) + l_r(x_r)$ *pour* $r = i$, $k_r(x_r)$ *autrement, veille à ce que* $\lim_{t \to \infty} \|x\| = 0$ *pour tout* $x_i(0) \in \cap_{ci}$ *si* $\frac{\partial \gamma_2}{\partial x_i} \neq 0$ *pour un i, il existe* $\bar{c}_i > 0$ *tel que pour tout* $\cap_{ci}$ *comme ci-dessus avec* $0 < c_i \leq \bar{c}_i$, *le résultat en est de même.*

Pour la preuve, Cf Annexe 1.

Cela signifie d'une certaine façon une certaine stabilisation globale de (3.81) sur $\cap_1 \times \cap_2$, semi-globale (resp. locale) par rapport à $h_1(x_1), h_2(x_2)$.

La preuve est similaire à celle de la proposition 3.2 (basée sur la modification d'une fonction de Lyapunov $V_1 + \varepsilon V_2$).

Notez que cela peut être étendu à un plus grand nombre de sous-systèmes et d'interconnexions, ou inversement, que lorsque le modèle (3.81) se réduit à une seule équation en fonction de $d(x)$, cette approche donne une conception robuste par rapport à la perturbation d.

III.4.3. Exemples d'application

III.4.3.1. Commande de robot sous contrainte

Comme exemple, nous allons montrer comment la conception basée sur la passivité peut donner une solution de commande pour les systèmes robotiques sous contraintes. À cette fin, nous considérons le modèle classique d'Euler-Lagrange d'un robot comme suit [CAN96] :

$$M(q)\ddot{q} + C(q,\dot{q})\dot{q} + G(q) = u, \tag{3.82}$$

où $q, \dot{q}$ représentent les positions et les vitesses généralisées, M la matrice d'inertie (définie positive), $C\dot{q}$ la force de Coriolis et les forces centrifuges (avec $\dot{M} - 2C$ inclinaison symétrique), G l'effet de gravité, et u la commande. Un tel système peut généralement être conduit à une position cible q_0 par une loi du type PD (pour les matrices définies positives K_p, K_d) :

$$u = G(q) - K_p(q - q_0) - K_d\dot{q}. \tag{3.83}$$

Maintenant, en notant que lorsque la commande est changée en :

$$u = G(q) - K_p(q - q_0) - K_d\dot{q} + v, \tag{3.84}$$

le système d'entrée v et de sortie $\dot{q}$ est passif (considérer simplement $V = \frac{1}{2}\dot{q}^T M(q)\dot{q} + \frac{1}{2}(q - q_0)^T K_p(q - q_0)$), la proposition 3.2 peut être appliquée pour mieux garantir une évolution sous contrainte de q. On peut se référer à [BES01] pour une application au cas bien connu du pendule inversé.

Certains exemples plus originaux peuvent être donnés par un problème de commande de mouvement coordonné : pour un ensemble de robots mobiles sous contraintes de communication, cela peut en effet conduire à une contrainte sur les distances entre eux. Par souci d'illustration, on a simplement pris l'exemple d'une chaîne de robots simples - décrite par une position et une vitesse contrôlée, chacun d'eux ayant à suivre la précédente à une distance donnée et ne recevoir que les informations qu'il contient pour autant que la distance reste assez petite (la première ayant à suivre une cible mouvante dans les mêmes conditions). Cela se traduit par une série de problèmes de suivi avec des contraintes sur les erreurs de suivi afin de garantir que la communication est maintenue.

Plus formellement, étant donné que chaque robot se réduit à :

$$\dot{x}_{1i} = x_{2i},$$
$$\dot{x}_{2i} = u_i. \tag{3.85}$$

Pour l'indice de robot $i = 1$ à N, sa position x_{1i}, sa vitesse x_{2i} et sa commande u_i, le problème est de concevoir des lois de commande pour u_i de manière à assurer que, pour $1 \leq i \leq N$:

$$lim_{t\to\infty}|x_{1i}(t) - x_{1i-1}(t)| = d_i \tag{3.86}$$
$$-d_{imax} \leq x_{1i}(t) - x_{1i-1}(t) \leq -d_{imin}, \forall t \geq 0 \tag{3.87}$$
$$lim_{t\to\infty}|x_{2i}(t) - x_{2i-1}(t)| = 0 \tag{3.88}$$

où $x_{i0}(t)$ représente le mouvement de la cible mobile pour la tête de la chaîne, d_i désigne la distance à atteindre entre le robot i et le robot $i-1$, avec d_{imax} la distance maximale admissible (pour garder la communication) et d_{imin} la distance minimale admissible (pour éviter la collision), pour satisfaire bien sûr $d_{imin} < d_i < d_{imax}$.

Les résultats de simulation sont fournis dans le cas de deux robots seulement, avec des objectifs identiques à distance d, valeur minimale d_{min}, valeur maximale d_{max}, les contraintes respectivement sur $x_{11} - x_{10}$ et $x_{21} - x_{11}$, les valeurs numériques choisies comme suit :

$$d = 0.5; \quad d_{min} = 0.1; \quad d_{max} = 1;$$

une trajectoire de référence $x_{10}(t) = t$ juste linéairement croissante par rapport au temps, vitesses initiales nulles et les positions initiales, comme suit :

$$x_{11}(0) = -0.3; \quad x_{21}(0) = -0.9$$

pour satisfaire la contrainte de distance, mais pas la distance de la cible.

Certains résultats sont résumés sur la figure 47 :

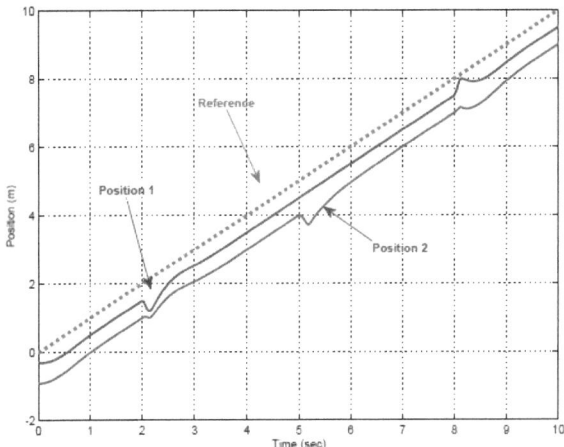

Fig. 47: Position coordonnée de suivi x_{1i} sous contrainte

Pour $t \leq 2$, on peut voir comment chaque motion a lieu en effet selon les références. Au temps $t = 2s$, une perturbation est simulée sur le premier robot, l'éloignant de sa référence, et en diminuant successivement la distance par rapport au second robot. Il peut être vérifié que la distance entre le robot **1** et sa référence est encore maintenue inférieure à $d_{max} = 1$, alors que la distance entre les deux robots est maintenue supérieure à $d_{min} = 0.1$.

Il peut également être vu sur la figure 48 comment cela est bien sûr au détriment d'une énergie plus grande de commande, à la fois pour le robot **1** et le robot **2**.

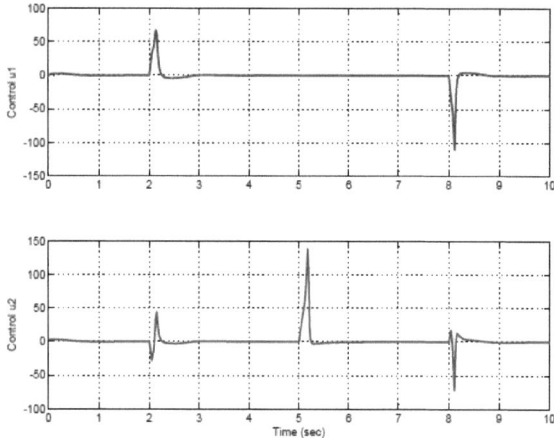

Fig. 48: Position coordonnée de commande u_i sous contrainte

A l'instant $t = 5s$, une perturbation est introduite au robot **2** en l'éloignant du robot **1**, et il peut à nouveau être vu sur la figure 47 comment elle est encore maintenue assez proche pour ne pas perdre le contact.

A l'instant $t = 8s$ une autre perturbation sur le robot **1** tend à le pousser vers sa référence, ce qui est de nouveau compensé tout en gardant une distance minimale, et de nouveau l'effet transmis au robot **2** est également compensé en respectant les contraintes souhaitées.

Le comportement de la commande correspondante peut être vu sur la figure 48 en conséquence.

III.4.3.2. Commande basée sur la linéarisation

Comme illustration de la proposition 3.3, on peut considérer simplement le cas d'un seul sous-système sujet à une perturbation, par exemple en raison d'une linéarisation de premier ordre. Par souci d'illustration, prenons un exemple de la forme ci-dessous :

$$\dot{x}(t) = A\big(Cx(t)\big)x(t) + Bu(t) \text{ avec } CB = 0 \text{ , } A \text{ lisse} \qquad (3.89)$$

(qui peut notamment résulter du modèle SMIB (3.70)).

En supposant que l'on peut trouver un gain de commande F pour lesquels il existe des matrices symétriques définies positives P, Q telles que $P(A(0) - BF) + (A(0) - BF)^T P = -Q$, $PB = C^T$, alors la proposition 3.3 s'applique et on peut trouver $l(x)$ de sorte que $u = -Fx + l(x)$ stabilise globalement le système, au niveau local par rapport à Cx.

III.5. CONCLUSIONS

Dans ce chapitre, nous avons souligné comment il peut être possible de mettre en œuvre une méthode backstepping pour la stabilisation d'un réseau SMIB sous des contraintes de sortie, à partir d'une fonction de Lyapunov initiale bien choisie. Cette fonction correspond à une *fonction barrière*, et nous avons proposé quelques pistes d'extensions de l'utilisation d'un tel outil pour d'autres problèmes de commande, notamment en robotique.

L'approche peut encore être étendue à d'autres situations, comme le cas de modèles incertains ou des contraintes variables, de façon similaire aux travaux de [KEN09, KEN11]. Elle peut aussi être généralisée au cas de commande par retour de sortie. Elle peut enfin être appliquée à de nombreux autres exemples concrets, incluant des configurations de réseaux électriques plus complexes, multimachines ou avec des éléments de compensation FACTS [CON05, MAN08] par exemple.

CONCLUSION GENERALE ET PERSPECTIVES

Nous nous sommes intéressés dans cet ouvrage, à la commande non linéaire des réseaux électriques, en utilisant plus spécialement les deux approches : multimodèle et backstepping.

Nous avons commencé notre démarche par des études bibliographiques sur la problématique des réseaux électriques comme sur les différentes méthodologies de commande pouvant être envisagées, et avons choisi de nous concentrer sur le cas d'un système réduit à une seule machine connectée à un bus infini comme cas d'étude.

Dans un premier temps, nous avons retenu le formalisme multimodèle de Takagi-Sugeno pour écrire le modèle non linéaire du système SMIB en vue de le réguler lors d'un défaut. Les non-linéarités du système étant d'une forme particulière, l'écriture multimodèle s'est avérée particulièrement adaptée, car elle permet une réécriture sans approximation. Après avoir décrit le modèle d'état non linéaire spatiale du système, nous avons utilisé la transformation par secteur non-linéaire pour être en mesure d'établir le modèle de Takagi-Sugeno. En raison de certaines simplifications, la forme quasi-LPV ne présente qu'un seul terme non linéaire intervenant dans la matrice d'état, ce qui est facilement pris en compte. Le modèle T-S obtenu, d'ordre trois, est alors décrit par seulement deux matrices d'état et une matrice d'entrée unique. Sur la base de ce modèle, un régulateur parallèle distribué PDC (retour d'état multiple) est synthétisé par résolution de LMIs obtenues en cherchant une fonction de Lyapunov quadratique. La loi de commande PDC a été comparée à une loi de commande de type PID. Des résultats de simulations ont enfin été proposés à titre d'illustrations, notamment dans des cas de chute de tension, ou d'erreur initiale sur l'angle de puissance. En raison du comportement intrinsèque non linéaire du système, la loi de commande PDC fournit de meilleurs résultats que le régulateur PID classique.

Le caractère non linéaire du modèle se traduit aussi par l'existence de valeurs d'angle pouvant poser problème pour la commande (singularités). Garantir l'évitement de ces valeurs ne peut se faire sans prendre en compte plus spécifiquement la nonlinéarité du modèle. Dans ce contexte, nous avons étudié la commande backstepping en présence de contraintes sur la sortie à commander : pour le cas du SMIB, l'angle de puissance devra se trouver à l'intérieur d'un intervalle bien précis pour que la stabilité du système soit assurée. Nous avons simulé plusieurs cas de figure (commande directe de l'angle, commande de la tension et régulation de tension en présence d'incertitudes dans le modèle et de courts-circuits imprévus) et nous avons pu constater que la commande proposée arrivait toujours à stabiliser le système.

Nous avons aussi pu souligner certains intérêts des fonctions dites *barrières* utilisées dans le cas du SMIB, pour d'autres problèmes de commande. Nous avons ainsi proposé certains brefs rappels sur l'idée de base de manipulation des contraintes de sortie symétriques, puis une amélioration de cette idée pour des contraintes plus générales (non symétriques), enfin quelques exemples choisis de la situation de commande où cette technique peut être utile. Il ne s'agissait pas d'être exhaustif, mais d'illustrer la façon de résoudre certains problèmes particuliers par la même technique (conception de commande pour les systèmes sous forme de retour strict avec des contraintes de sortie, commande d'une classe des systèmes passifs, commande des systèmes interconnectés). Même si les ingrédients de base sont en effet connus, les résultats ne sont pas standards. Quelques exemples concrets d'applications ont également été présentés, issus de différents secteurs d'intérêt au-delà du simple SMIB (maîtrise de l'énergie, robotique et commande coopérative).

La façon dont la commande est obtenue peut paraître compliquée, comme la forme de commande elle-même, notamment en comparaison avec des lois de commande standards de type PID, mais elle suit une procédure systématique constructive, exactement comme dans la procédure célèbre et bien admis backstepping. Il est souligné que notre souci est ici les contraintes de sortie, et par rapport à une approche basée sur l'optimisation - ce qui peut être considéré comme la méthode la plus commune pour gérer ces contraintes, nous nous retrouvons ici avec une loi de commande explicite, comme dans le cas linéaire, mais pour des systèmes non linéaires. Des commandes alternatives peuvent être trouvées menant au même comportement que dans les résultats de simulation présentés, mais le principal avantage est que dans la conception proposée, les contraintes sur la sortie - en plus d'être systématiquement obtenues - sont formellement garanties (avec la stabilité). Le prix à payer est l'énergie de la commande, qui peut croître beaucoup en conséquence. La présentation proposée nécessite aussi une information complète sur l'état, et son extension à l'utilisation d'un observateur est une perspective intéressante à considérer. De plus, si dans ce travail on a surtout considéré à titre d'application un réseau simplifié constitué d'une seule machine connectée à un bus infini par l'intermédiaire de lignes et transformateur (système SMIB), on peut aussi penser à étendre les résultats obtenus aux réseaux électriques multimachines, ou encore en introduisant les dispositifs électroniques de compensation de la puissance réactive appelés FACTS [CON05, MAN08].

On peut aussi envisager l'extension de l'étude au cas des réseaux intelligents (Smart Grids) incluant les sources d'énergie renouvelables, et même à d'autres systèmes interconnectés tels les réseaux de communications par exemple, en utilisant les approches systèmes à retard (time delay systems).

Ainsi, ce travail peut intéresser directement les gestionnaires des réseaux électriques ainsi que les constructeurs d'équipements électriques, mais aussi d'autres secteurs comme la robotique, ou indirectement d'autres décideurs comme l'armée,...

Annexe 1 : Démonstration de la proposition 3.3

Considérons V_1 et V_2 comme dans la proposition 3.3, et une fonction composite :
$V := V_1(x_1) + \varepsilon V_2(x_2)$ pour un certain $\varepsilon > 0$.

(A.1)

Puis le long des trajectoires de (3.82) en boucle fermée avec les commandes :
$u_i = k_i(x_i); i = 1,2$ comme dans la proposition 3.3,

(A.2)

on a :
$$\dot{V} \leq -(1 - \varepsilon\gamma_1)W_1(x_1) - \varepsilon(1 - \gamma_2)W_2(x_2) - \varepsilon\gamma_3\sqrt{W_1}\sqrt{W_2}$$

(A.3)

De ce fait, si $\gamma_2 < 1$ et $\boldsymbol{\gamma_1}, \boldsymbol{\gamma_3}$ sont limitées, il existe $\boldsymbol{\varepsilon}$ assez petit pour que le côté droit de cette inégalité devient définie négative : le problème est donc de garantir ces limites.

Prenons d'abord le cas où $\gamma_2 < 1$ pour tout $\boldsymbol{x_1}, \boldsymbol{x_2}$ alors que $\boldsymbol{\gamma_1}, \boldsymbol{\gamma_3}$ dépendent de $\boldsymbol{x_1}, \boldsymbol{x_2}$. Dans ce cas, nous considérons certaines lois de commande modifiées pour $\boldsymbol{u_1}, \boldsymbol{u_2}$ de la forme suivante :
$$u_i = k_i(x_i) + l_i(x_i), i = 1,2 \qquad (A.4)$$

pour certains l_i à déterminer, et une fonction de Lyapunov modifiée :
$$\bar{V} := V_1(x_1) + \varepsilon V_2(x_2) + \sum_{i=1}^{2} \frac{1}{2}\log\frac{c_i^2}{c_i^2 - h_i(x_i)^2}.$$

(A.5)

Puis :
$$\dot{\bar{V}} \leq$$
$$-(1 - \varepsilon\gamma_1)W_1(x_1) - \varepsilon(1 - \gamma_2)W_2(x_2) - \varepsilon\gamma_3\sqrt{W_1}\sqrt{W_2} + \sum_{i=1}^{2}\left(L_{gi}V_i l_i + \frac{h_i}{c_i^2 - h_i}L_{fi}h_i\right).$$

(A.5)

De cela, et le fait que $L_{g_i}V_i = h_i$ ou $L_{f_i}h_i$, les l_i peuvent être choisies de manière à récupérer le côté droit de (A.3).

Mais maintenant, depuis le choix de $\bar{V}$, chaque fois que les x_i sont telles que $|h_i(x_i)| < c_i$, les γ_i doivent satisfaire à la condition de bornitude pour que cette droite peut être définie négative pour un ε approprié.

Cela signifie que les $\cap_{c_i}$ sont invariantes et l'état va chuter à zéro.

Dans le cas où γ_2 peut dépasser 1 en fonction de x_1, x_2, en utilisant le fait qu'il se lit $\gamma_2\big(h_1(x_1), h_2(x_2)\big)$ et s'annule en zéro $h_1 = h_2 = 0$, il existe $\bar{c}_i$ assez petit, afin que $|h_i(x_i)| < \bar{c}_i$ implique que $\gamma_2 < 1$. Par les mêmes arguments que ci-dessus, les h_i peuvent être maintenues bornées par rapport aux $\bar{c}_i$ et la conclusion suit.

REFERENCES

[AKH04] A. Akhenak, Conception d'observateurs non linéaires par approche multimodèle : application au diagnostic, Thèse pour l'obtention du diplôme de Doctorat de l'Institut National Polytechnique de Lorraine, décembre 2004.

[ALA06] M. Alamir, Stabilization of Nonlinear Systems Using Receding-horizon Control Schemes, Springer, LNCIS 339, 2006.

[ATA99] T. Atanasova, J. Zaprianov, Performance of the RBF neural controller for transient stability enhancement of the power system, International Conference on Accelerator and Large Experimental Physics Control Systems, Trieste, Italy, 1999.

[BES01] G. Besançon, A note on constrained stabilization for nonlinear systems in feedback form, In IFAC Symposium on Nonlinear Control Systems, St Petersburg, Russia, 2001.

[BES03] G. Besançon, S. Battilotti and L. Lanari, A new separation result for a class of quadratic-like nonlinear systems with application to Euler-Lagrange models, Automatica, vol. 39, no. 6, pp. 1085–93, 2003.

[BES07] G. Besançon, Nonlinear observers and applications, Springer, LNCIS 363, 2007.

[BES12a] G. Besançon, D. Georges, L. F. Rafanotsimiva and J. M. Razafimahenina, Simple strategy for constrained backstepping design with application to smib control, Proceedings of American Control Conference, Montreal, Canada, 2012.

[BES12b] G. Besançon, D. Georges, L. F. Rafanotsimiva et J. M. Razafimahenina, Commande backstepping avec contraintes d'un générateur connecté à un réseau électrique, Conférence Internationale Francophone d'Automatique, Grenoble, France, 2012

[CAN96] C. Canudas de Wit, B. Siciliano and G. Bastin (Eds), Theory of robot control, Springer, London, 1996.

[CHA02] M. Chadli, Stabilité et commande de systèmes décrits par des multimodèles, thèse pour l'obtention du doctorat de l'Institut National Polytechnique de Lorraine, décembre 2002.

[CLA87] D.W. Clarke, C. Mohtadi and P.S. Tuffs, Generalized predictive control—Part I. The basic algorithm, Automatica, Vol. 23(2), Pp. 137 – 148, March 1987.

[CON05] L. Cong, Y. Wang, and D. J. Hill, Transient stability and voltage regulation enhancement via coordinated control of generator excitation and SVC, Electrical Power & Energy Systems, 27:121–130, 2005.

[DAM04] G. Damm, R. Marino and F. Lamnabhi-Lagarrigue, Adaptive nonlinear output feedback for transient stabilization and voltage regulation of power generators with unknown parameters, International Journal of Robust and Nonlinear Control, 14:833–55, 2004.

[FIN02] R. Findeisen and F. Allgower, An introduction to nonlinear model predictive control, In 21st Benelux Meeting on Systems and Control, Veldhoven, 2002.

[FRI55] K. R. Frisch, The logarithmic potential method of convex programming, In Technical Report, Institute of Economics, University of Oslo, Norway, 1955.

[GAL03] M. Galaz, R. Ortega, A. S. Bazanella and A. M. Stankovic, An energy shaping approach to the design of excitation control of synchronous generators, Automatica, vol.39, 2003.

[GAO92] L. Gao, L. Chen, Y. Fan and H. Ma, A nonlinear control design for power systems, Automatica, 28(5) : 975–79, 1992.

[GHO03] Eskandar GHOLIPOUR SHAHRAKI, Apport de l'UPFC à l'amélioration de la stabilité transitoire des réseaux électriques, Thèse pour l'obtention du Doctorat en Génie Electrique de l'Université Henri Poincaré, Nancy I, 13 octobre 2003

[GOU01] Y. Gou, D. J. Hill and Y. Wang, Global transient stability and voltage regulation for power systems, IEEE transactions on power systems, vol.16, N°4, 2001.

[HAL03] A. Halanay and V. Rasvan, Application of Liapunov methods in stability, Mathematics and its applications, Kluwer Academic Publisher, Vol.245, Dordrecht, 2003.

[HEN..] A. Henni et H. Siguerdidjane, Proposition d'une nouvelle méthode d'analyse de la robustesse des lois de commande des systèmes non linéaires dynamiques : Application à un système de suspension magnétique, Service Automatique, Supelec.

[ICH08] D. Ichalal, B. Marx, J. Ragot et D. Maquin, Diagnostic des systèmes non linéaires par approche multimodèle, Workshop Surveillance, Sûreté et Sécurité des Grands Systèmes, 3SGS'08, Troyes, France, 2008.

[ICH09] D. Ichalal, Estimation et diagnostic des systèmes non linéaires décrits par des modèles de Takagi-Sugeno, Thèse de doctorat, Centre de recherche en automatique de Nancy, INPL, France, 2009.

[ISI89] A. Isidori, Nonlinear Control Systems, Springer Verlag, New York, NY, USA, 1989.

[ISI95] A. Isidori, Nonlinear Control Systems, 3rd edition, Springer Verlag, London, 1995.

[ISI09] A. Isidori, N. S. Ge and E. H. Tay, Barrier Lyapunov functions for the control of output-constrained nonlinear systems, Automatica, 45(4) : 918-27, 2009.

[JOH92] T. A. Johansen and B. A. Foss, Nonlinear local model representation for adaptive systems, International Conference on Intelligent Control and Instrumentation, February 1992, Vol 2, pp. 677-682.

[KEN09] K. P. Tee, S. S. Ge and E. K. Tay, Barrier Lyaunov Functions of the control of outut-constained nonlinear systems, Automatica, 45(4) : 918-27, 2009.

[KEN11] K. P. Tee, B. Ren and S. S. Ge, Control of nonlinear systems with time-varying output constraints, Automatica, 47(11) : 2511-16, 2011.

[KHA96] H.K. Khalil, Nonlinear systems, Prentice Hall Upper Saddle River, NJ, 1996.

[KHA02] H. Khalil, Nonlinear systems, Prentice Hall (3rd ed.), 2002.

[KRS95] M. Krstiç and P.V. Kokotovic, Adaptive nonlinear design with controller-identifier separation and swapping, IEEE Transactions on Automatic Control, vol. 40, pp. 426--441, 1995.

[KRU06] A. Kruszewski, Lois de commande pour une classe de modèles non linéaires sous la forme Takagi-Sugeno : Mise sous forme LMI, Thèse pour l'obtention du diplôme de Doctorat de l'Université de Valenciennes et du Hainaut-Cambresis, décembre 2006.

[KRS95] M. Krstiç, I. Kanellakopoulos and P. Kokotoviç, Nonlinear and Adaptive Control Design. Wiley Interscience, 1995.

[KUN93] P. Kundur, Power System Stability and Control, Mc Graw Hill, Inc., 1993.

[LAM...] F. Lamnadhi-Lagarrigue, P. Rouchon, Commandes non linéaires, IC2 (Information, Commande, Communication) : systèmes automatisés, Hermès Lavoisier.

[LEO02] J. de Leon-Morales, G. Espinosa-Perez and I. Macias-Cardoso, Observer-based control of a synchronous generator : a hamiltonian approach. Electrical Power & Energy Systems, 24:655663, 2002.

[MAL52] I. G. Malkin, Theory of Stability of motion (en russe), Moscou, 1952.

[MAN08] N. S. Manjarekar, R. N. Banavar and R. Ortega, Application of passivity-based control to stabilization of the SMIB system with controllable series devices, Proceedings of the 17th World Congress, IFAC, Seoul, Korea, 2008.

[MAY00] D. Q. Mayne, J. B. Rawlings, C. V. Rao and P. O. M. Scokaert, Constrained model predictive control : stability and optimality, Automatica, 36 : 789-814, 2000.

[MAY04] P. Maya-Ortiz and G. Espinosa-Perez, Output feedback excitation control of synchronous generators, International Journal of Robust and Nonlinear Control, p. 879–890, 2004.

[MUD...] F. Mudry, Ajustage des paramètres d'un régulateur PID, Departement d'Electricité et d'Informatique, EICV, Suisse

[MUR97] R. Murray-Smith and T. A. Johansen, Multiple model Approaches to Modelling and Control, Taylor & Francis, London, 1997.

[NGO05] K. B. Ngo, R. Mahony and Z. P. Jiang, Integrator backstepping using barrier functions for systems with multiple state constraints, In joint 44th IEEE Conference on Decision and Control - European Control Conference, Sevilla, Spain, 2005.

[OLA07] S. Olaru and S.-I. Niculescu, Commande prédictive des systèmes à retard, Réunion ECO-NET, Nantes, septembre 2007.

[ORJ06] R. Orjuela, D. Maquin et J. Ragot, Identification des systèmes non linéaires par une approche multi-modèles à états découplés, Journées Identification et Modélisation Expérimentale JIME, Poitiers, France 2006.

[ORJ07] R. Orjuela, B. Marx, J. Ragot et D. Maquin, Estimation d'état des systèmes non linéaires par une approche multimodèle découplé, JDMACS 2007.

[ORJ08a] R. Orjuela, B. Marx, J. Ragot et D. Maquin, Conception d'observateurs robustes pour des systèmes non linéaires incertains : une stratégie multimodèle, CIFA 2008.

[ORJ08b] R. Orjuela, B. Marx, J. Ragot et D. Maquin, Une approche multimodèle pour le diagnostic des systèmes non linéaires, 2008.

[ORJ08c] R. Orjuela, Contribution à l'estimation d'état et au diagnostic des systèmes représentés par des multimodèles, Thèse pour l'obtention du diplôme de Doctorat de l'Institut National Polytechnique de Lorraine, novembre 2008.

[OUD08] M. Oudghiri, Commande multi-modèles tolérante aux défauts : Application au contrôle de la dynamique d'un véhicule automobile, Thèse pour l'obtention du grade de Docteur de l'Université Picardie Jules Verne, Octobre 2008.

[PAL07] V.-H. G. Palacio, Modélisation et commande flou de type Takagi-Sugeno appliquées à un bioprocédé de traitement des eaux usées, Thèse en vue de l'obtention du diplôme de Doctorat de l'Université Paul Sabatier - Toulouse III et de l'Université de Los Andes, Colombie, février 2007.

[RAS03] V. Rasvan et Radu Stefan, Systèmes non linéaires, 2003

[ROD05] M. Rodrigues, Diagnostic et commande active tolérante aux défauts appliqués aux systèmes décrits par des multi-modèles linéaires, Thèse pour l'obtention du diplôme de Doctorat de l'Université Henri Poincaré, Nancy 1, Décembre 2005.

[ROO01] A.-R. Roosta, D. Georges and N. Hadj-Said, Nonlinear control of power systems based on a backstepping method, Proceedings in the 40th IEEE Conference on Decision and Control, Orlando, FL, USA, 2001.

[ROO02] A.-R. Roosta, D. Georges and N. Hadj-Said, Backstepping method in nonlinear control of power systems, 17th International Power System Conference, Tehran, Iran, 2002.

[ROO03] A.-R. Roosta, Contribution à la commande décentralisée non linéaire des réseaux électriques, Thèse préparée au Laboratoire d'Automatique de Grenoble (LAG) pour l'obtention du grade de Docteur de l'Institut National Polytechnique de Grenoble (INPG), 2003.

[SPO89] M.W. Spong, Adaptive control of flexible joint manipulators, Systems & Control Letters, Vol.13, n°1, pp.15-21, July 1989.

[SON89] E. D. Sontag, Sontags formula backstepping control, Advanced control and automation, 436-459, 1989.

[TAK85] T. Takagi and M. Sugeno, Fuzzy identification of systems and its applications to modelling and control, IEEE Transaction on Systems Man and Cybernetic, 15 : 116–132, 1985.

[THI08] L. Thiaw, Identification de systèmes dynamiques non-linéaires par réseaux de neurones et multimodèles, thèse pour l'obtention du diplôme de Doctorat de l'Université Paris XII, janvier 2008.

[WAN93] Y. Wang and D. J. Hill, Transient stability enhancement and voltage regulation of power systems, IEEE Transactions on power systems, 8(2) : 620–6, 1993.

[WAN96a] H. O. Wang, K. Tanaka and M. Griffin, An approach to fuzzy control of nonlinear systems : stability & design issues, IEEE Transaction on Fuzzy Systems, vol.4, No1, pp.14-23, 1996.

[WAN96b] Y. Wang and D. J. Hill., Robust nonlinear coordinated control of power systems, Automatica, 32(4) : 611–18, 1996.

[ZHO06] Jinghua Zhong, PID Controller Tuning : a short tutorial, Mechanical Engineering, Purdue University, Spring 2006.

[ZIE42] J. G. Ziegler, N. B. Nichols and N. Y. Rochester, Optimum Settings for Automatic Controllers, Transactions of the A.S.M.E., 1942.

Oui, je veux morebooks!

i want morebooks!

Buy your books fast and straightforward online - at one of world's fastest growing online book stores! Environmentally sound due to Print-on-Demand technologies.

Buy your books online at
www.get-morebooks.com

Achetez vos livres en ligne, vite et bien, sur l'une des librairies en ligne les plus performantes au monde!
En protégeant nos ressources et notre environnement grâce à l'impression à la demande.

La librairie en ligne pour acheter plus vite
www.morebooks.fr

VDM Verlagsservicegesellschaft mbH
Heinrich-Böcking-Str. 6-8
D - 66121 Saarbrücken

Telefon: +49 681 3720 174
Telefax: +49 681 3720 1749

info@vdm-vsg.de
www.vdm-vsg.de

Printed by Books on Demand GmbH, Norderstedt / Germany